Flash CC

[中文版] 基础教程

 老虎工作室

谭炜　徐鲜　编著

人民邮电出版社

北京

图书在版编目（CIP）数据

Flash CC中文版基础教程 / 老虎工作室，谭炜，徐
鲜编著. -- 北京：人民邮电出版社，2016.4（2016.11重印）
ISBN 978-7-115-41326-0

Ⅰ. ①F… Ⅱ. ①老… ②谭… ③徐… Ⅲ. ①动画制
作软件—教材 Ⅳ. ①TP391.41

中国版本图书馆CIP数据核字(2016)第036955号

内 容 提 要

本书从基础知识入手，结合典型实例深入浅出地介绍了 Adobe Flash CC 的基本操作原理和典型动画设计方法。读者在学习理论知识的同时，对照实例进行操作，并在此基础上加强实践环节，能够迅速掌握 Flash CC 的基本设计方法和技巧。本书在内容安排上，理论与实践相结合，重点突出，选例典型，实践性和针对性都很强。

本书选例综合全面，深度逐级递进，可以作为有志于从事 Flash 技术开发的读者的入门图书，也可作为使用 Flash 进行产品开发设计的初、中级技术人员的参考用书。

◆ 编　著　老虎工作室　谭　炜　徐　鲜
　　责任编辑　李永涛
　　责任印制　杨林杰

◆ 人民邮电出版社出版发行　北京市丰台区成寿寺路 11 号
　　邮编　100164　电子邮件　315@ptpress.com.cn
　　网址　http://www.ptpress.com.cn
　　大厂聚鑫印刷有限责任公司印刷

◆ 开本：787×1092　1/16
　　印张：19.25
　　字数：482 千字　　　　　　　2016 年 4 月第 1 版
　　印数：2 501–3 500 册　　　　2016 年 11 月河北第 2 次印刷

定价：45.00 元（附光盘）

读者服务热线：(010)81055410　印装质量热线：(010)81055316
反盗版热线：(010)81055315
广告经营许可证：京东工商广字第 8052 号

关于本书

Flash 是当今非常流行的二维矢量动画制作软件，它功能强大、使用简便，在动画制作和广告设计等领域应用得非常广泛。新版 Adobe Flash CC 进一步强化了软件的设计功能，完善了软件的用户界面，使之更方便、更人性化。

内容和特点

本书结合典型实例深入浅出地介绍了 Adobe Flash CC 的基本操作原理和典型动画设计方法，既有全面而深刻的理论阐述，又有典型而综合的实例剖析；既有最基础的原理讲解，又有更深层次的总结和知识扩展。

全书共 10 章，各章内容简要介绍如下。

- 第 1 章：介绍 Flash CC 的基础知识和操作流程。
- 第 2 章：介绍 Flash CC 的动画素材绘制方法和技巧。
- 第 3 章：介绍逐帧动画的制作方法和技巧。
- 第 4 章：介绍补间形状动画的制作方法和技巧。
- 第 5 章：介绍传统补间动画和补间动画的制作方法和技巧。
- 第 6 章：介绍引导层动画的制作方法和技巧。
- 第 7 章：介绍遮罩层动画的制作方法和技巧。
- 第 8 章：介绍 ActionScript 3.0 交互式动画的编程基础。
- 第 9 章：介绍组件的应用方法和技巧。
- 第 10 章：通过综合案例的剖析巩固所学知识。

读者对象

本书注重基础，同时选例综合全面，深度逐级递进，因此，即使没有 Flash 动画制作经验的读者也可以根据本书的讲解，循序渐进地学习 Flash 动画制作。在学习 Flash 动画制作理论知识的同时，对照实例进行操作，并在此基础上加强实践环节，能够迅速掌握 Flash CC 动画的基本设计方法和技巧。

本书既可以作为有志于从事动画技术开发的读者学习动画制作的入门图书，也可作为使用 Flash 进行产品开发设计的初、中级技术人员的参考用书。

配套光盘内容简介

为了方便读者的学习，本书配套光盘按章收录了各实例所需的源文件（.fla 文件）、素材文件及每个实例制作过程的动画演示文件（.mp4 文件）。

1. 素材文件

本书案例所需的素材文件按章收录在与案例对应的文件夹中，读者可以使用 Flash CC 打开所需的素材文件，然后进行后续操作。

注意：光盘上的文件都是"只读"的，读者可以先将这些文件复制到硬盘上，去掉文件的"只读"属性，然后再使用。

2. 视频文件

本书典型案例的绘制过程都录制成了".mp4"动画文件，并按章收录在附盘的"视频"文件夹中。

3. 结果文件

每个实例完成后的结果文件放在相应实例的文件夹中，这些文件包括 Flash 源文件（.fla 文件）、Flash 动画播放文件（.swf 文件）及一些动画需要的素材文件。打开这些文件可以获得最终的设计效果，并可以对设计结果作进一步操作，如重定义、修改等。

4. PPT 文件

本书提供了 PPT 课件，以供教师上课使用。

感谢您选择了本书，也欢迎您把对本书的意见和建议告诉我们。

老虎工作室网站 http://www.ttketang.com，电子邮件 ttketang@163.com。

老虎工作室

2016 年 1 月

目　录

第1章 Flash CC 动画制作基础

【学习目标】
- 了解动画的起源与发展。
- 掌握 Flash CC 的操作界面。
- 掌握使用 Flash CC 软件进行动画开发的流程。

动画制作工具 Flash 软件目前已经发展到了 Flash CC 版本，该版本的界面更加人性化，其快捷键操作越来越符合 Abode 公司快捷键的风格，这一切的改变都使 Flash 软件变得更加强大，使用 Flash 软件进行开发也更加快捷。

1.1 动画制作基础

动画作为一种传播思想和文化的手段，取得了巨大的成就。可以说动画遍布在现代人的生活中，在电视节目、彩屏手机，以及上网冲浪等日常活动中都可以看到动画的身影。那么什么是动画？动画的起源和发展又是什么？这些问题都将在后面一一揭晓。

1.1.1 功能讲解——了解动画制作基础知识

一、 动画的含义

动画是一个范围很广的概念，通常是指连续变化的帧在时间轴上播放，从而使人产生运动错觉的一种艺术。图 1-1 所示为一组连续变化的图片，只要将其放到连续的帧上，以一定的速度连续播放，就可以形成人物打斗的视觉效果。

图1-1 动画的原理

二、 动画的起源

人类就一直试图透过各种形式的图形来表现物体的动作。西班牙北部山区壁画上画着一头奔跑的 8 条腿的野猪，如图 1-2（a）所示；青海马家窑发现的"舞蹈纹彩陶盆"上描绘了手拉手舞蹈图形，如图 1-2（b）所示；在达·芬奇的人体比例图中的四手四脚，如图 1-2（c）所示，也反映了画家表现四肢运动的欲望。

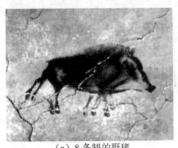

（a）8 条腿的野猪

（b）舞蹈纹彩陶盆

（c）人体比例图

图1-2　动画的欲望

　　1824 年，彼得·罗杰特出版的《移动物体的视觉暂留现象》一书中提到了形象刺激在初显后，能在视网膜上停留短暂的时间（1/16s）。1832 年，约瑟夫·柏拉图发明的"幻透镜"（如图 1-3（a）所示）和 1834 年乔治·霍纳发明的"西洋镜"（如图 1-3（b）所示）都是动画的雏形。它们都是通过观察窗来观看旋转的顺序图画，从而形成动态画面。

（a）幻透镜

（b）西洋镜

图1-3　动画的雏形

　　随着科技的发展，具有现代意义的动画片逐步出现。在电影发明之后，1906 年，美国人小斯图亚特·布雷克顿制作出第一部接近现代动画概念的影片，名叫《滑稽面孔的幽默形象》，如图 1-4 所示。该片长度为 3min，采用了每秒 20 帧的技术拍摄。

《滑稽面孔的幽默形象》

小斯图亚特·布雷克顿

图1-4　第一部动画及其作者

三、传统动画的演变

　　20 世纪 20 年代末，著名的迪斯尼公司迅速崛起，采用传统的动画技术制作出越来越复杂的动画。该公司在 1928 年推出的《汽船威利》是第一部音画同步的有声动画，如图 1-5 所示。而 1937 年制作的《白雪公主》，则是第一部彩色长篇剧情动画片，如图 1-6 所示。

图1-5 《汽船威利》

图1-6 《白雪公主》

第二次世界大战之后，日本动画开始快速发展。其中对后世影响深远的，有第一部彩色动画电影《白蛇传》，还有后来的传世之作，如《铁臂阿童木》《森林大帝》等，如图 1-7 所示。这些优秀动画都为世界动画的发展起到了积极的促进作用。

《白蛇传》

《铁臂阿童木》

《森林大帝》

图1-7 日本动画

中国动画在近代也有较大的发展。1926 年，万氏兄弟摄制完成了中国第一部动画片《大闹画室》。1941 年，万氏兄弟又摄制了亚洲的第一部长篇动画《铁扇公主》，如图 1-8 所示。该片片长 80min，将中国动画艺术载入世界电影史册。

图1-8 《铁扇公主》

中国动画片因为它鲜明的民族特色而屹立于世界动画之林。1979 年中国第一部彩色宽银幕动画长片《哪吒闹海》（如图 1-9 所示）问世，深受国内外好评。动画片《三个和尚》（如图 1-10 所示）既继承了传统的艺术形式，又吸收了外国现代的表现手法。

图1-9 《哪吒闹海》

图1-10 《三个和尚》

四、 计算机动画的发展

从 20 世纪 80 年代开始，计算机图形技术开始用于电影制作，到了 20 世纪 90 年代，计算机动画特效开始大量用于真人电影，比较著名的有《魔鬼终结者 3》《侏罗纪公园》《魔戒》及《泰坦尼克号》等，如图 1-11 所示。这些影片在电影市场上取得的巨大成功，都从某一方面反映了计算机动画的发展。

《魔鬼终结者 3》

《侏罗纪公园》

《魔戒》

《泰坦尼克号》

图1-11　三维动画影视作品

1.1.2　范例解析——明确动画设计原则

要制作出一流的动画效果，掌握一些动画原理是非常必要的。动画制作有 10 条基本原则，下面进行详细讲解。

一、 掌握时序

时序是指动画制作过程中，时间的分配要能够真实反映对象（物体或人物）的情况。例如，人物眨眼很快可能表示角色比较警觉和清醒，如果眨眼很慢则可能表示该人物比较疲倦和无聊。时序的应用示例如图 1-12 所示。

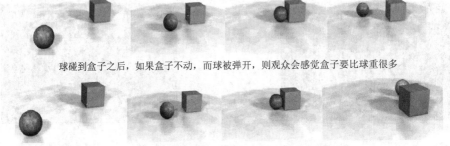

球碰到盒子之后，如果盒子不动，而球被弹开，则观众会感觉盒子要比球重很多

如果球把盒子碰开了，则观众就会感觉球比盒子重很多

图1-12　时序性原则

二、 慢入和慢出

慢入和慢出是指对象动作的加速和减速效果。增添加速和减速效果之后，可以使对象的运动更加符合自然规律，因此该原则应该应用到绝大多数的动作中，如图 1-13 所示。

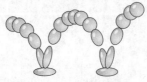

图1-13　慢入和慢出原则

三、 弧形动作

现实中几乎所有事物的运动都是沿着一条略带圆弧的轨道运动，尤其是生物的运动。因此在制作角色动画时，角色的运动轨迹也应该是一条比较自然的曲线，如图 1-14 所示。

四、 预期性

动画中的动作通常包括准备动作、实际动作和完成动作 3 部分，第一部分也叫做预期性，例如，在角色要使用锤子之前都会有一个摆起的动作，这个动作就是预期性的体现。因为当观众看到这个预期动作时，就知道接下来这个角色要砸下锤子了，如图 1-15 所示。

图1-14　人物行走时的弧形动作

图1-15　唐老鸭的预期性

五、 使用夸张

夸张手法用于强调某个动作，例如，动画常常用夸张的手法表现角色的情绪，如图 1-16 所示。但使用时应小心谨慎，不能太随意，否则会适得其反，如图 1-17 所示。

图1-16　使用夸张表现角色的情绪

六、 挤压和伸展

挤压和伸展是通过对象的变形来表现对象的硬度。柔软的橡胶球落地时通常会被压扁，这就是挤压的原则。而向上弹起时，又会朝着运动的方向伸展，这就是伸展原则。即使是坚硬的对象也可以应用挤压和伸展的原则，例如，动画短片《鲁克索二世》中的灯虽然是金属物体，但在它跳跃之前会下蹲和弯曲，如图 1-18 所示。

图1-17　过度使用夸张的动画角色

图1-18　刚性物体的"挤压和伸展"

七、 辅助动作

辅助动作为动画增添乐趣和真实性。图 1-19 所示是一个角色在转动头部时，观众的注意力一般会集中在主要动作上（转动头部），而触须的动作就是辅助动作，可以增强动画的真实感和自然感。

图1-19　辅助动作

八、 完成动作和重叠动作

制作完成动作的动画时，一般是对象运动到原来位置后继续运动一小段距离，然后恢复到原来位置。图 1-20 所示是投掷标枪时，角色需要先将手臂后移，这是预期性；当标枪投掷出去后，手臂仍然要向前运动一段距离，这便是完成动作的体现。

图1-20　投掷标枪的完成动作

九、 布局

一般情况下，动作的表现是一次只表现一个动作。如果太多的动作同时出现，观众就无法确定到底应该看什么，从而影响动画的效果。如图 1-21 所示，左图中的动作无法通过轮廓图解读，因此是失败的。而右图中的动作可以清楚地通过轮廓图解读，因此是成功的。

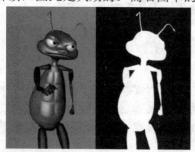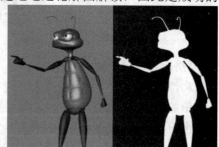

图1-21　使用"轮廓图"解读动作

十、 吸引力

吸引力是指观众愿意观看的任何东西，例如，个人魅力、独到设计或突出个性等。图 1-22 左图所示的米老鼠身体的各部分都是对称的，因此显得僵化，而中图和右图中的形象使用了非对称的原则，显得更加活泼自然。

图1-22 避免完全对称

吸引力并不是由动画角色的正义或邪恶决定的。不论是《小飞侠和铁钩船长》中的"铁钩船长"、《虫虫特工队》中的"霸王"还是《超人总动员》中的"超劲先生"，如图 1-23 所示，他们都是十足的大反派，但不可否认他们的形象和个性都很有吸引力。

铁钩船长

霸王

超劲先生

图1-23 具有吸引力的反叛角色

1.2 初步认识 Flash 动画

对于动画设计人员来说，Flash 是进行网络动画设计的必备工具；对于广大的动画爱好者而言，Flash 是展现自我的有力手段。

1.2.1 功能讲解——了解图像基本知识

动画是在某种介质上记录一系列单个画面，并通过一定的速率回放所记录的画面，其中包含了大量的多媒体信息，融合了图、文、声、像等多种媒体形式。

一、图形与图像

计算机屏幕上显示出来的画面与文字通常有两种描述方法：一种称为矢量图形或几何图形，简称图形（Graphics）；另一种称为点阵图像或位图图像，简称图像（Image）。

（1）矢量图形。

矢量图形用一个指令集合进行描述。这些指令描述构成一幅图形的所有图元（直线、圆形、矩形、曲线等）的属性（位置、大小、形状、颜色）。显示时，需要相应的软件读取这些指令，并将其转变为计算机屏幕上能够显示的形状和颜色。矢量图形可以方便地实现图形的移动、缩放和旋转等变换。绝大多数 CAD 软件和动画软件都使用矢量图形。

（2）位图图像。

位图图像由描述图像中各个像素点的亮度与颜色的数值集合而成，适合表现比较细致，层次和色彩比较丰富，包含大量细节的图像。位图必须指明屏幕上显示的每个像素点的信息，所以所需的存储空间较大。

显示一幅图像所需的 CPU 计算量要远小于显示一幅图形的 CPU 计算量，这是因为显示图像一般只需把图像写入到显示缓冲区中，而显示一幅图形则需要 CPU 计算组成图形的每个图元（如点、线等）的像素点的位置与颜色，这需要较强的 CPU 计算能力。

二、亮度、色调和饱和度

只要是色彩都可用亮度、色调和饱和度来描述，人眼中看到的任一色彩都是这 3 个特征的综合效果。

(1) 亮度。

亮度是光作用于人眼时所引起的明亮程度的感觉，它与被观察物体的发光强度有关。一般说来，亮度是用来表示某彩色光的明亮程度。

(2) 色调。

色调是当人眼看到一种或多种波长的光时所产生的彩色感觉，它反映颜色的种类，是决定颜色的基本特性，如红色、棕色就是指色调。

(3) 饱和度。

饱和度指的是颜色的纯度，即掺入白光的程度，或者说颜色的深浅程度。对于同一色调的彩色光线，饱和度越深，颜色越鲜明或越纯。

通常把色调和饱和度统称为色度，用来表示颜色的类别与深浅程度。

三、分辨率

分辨率是影响位图质量的重要因素，分为屏幕分辨率、图像分辨率、显示器分辨率和像素分辨率。在处理位图图像时要理解这 4 者之间的区别。

(1) 屏幕分辨率。

屏幕分辨率指在某一种显示方式下，以水平像素点数和垂直像素点数来表示计算机屏幕上最大的显示区域。例如，VGA 方式的屏幕分辨率为 640×480，SVGA 方式的屏幕分辨率为 1 024×768。

(2) 图像分辨率。

图像分辨率指数字化图像的大小，以水平和垂直的像素点表示。当图像分辨率大于屏幕分辨率时，屏幕上只能显示图像的一部分。

(3) 显示器分辨率。

显示器分辨率指显示器本身所能支持各种显示方式下最大的屏幕分辨率，通常用像素点之间的距离来表示，即点距。点距越小，同样的屏幕尺寸可显示的像素点就越多，自然分辨率就越高。例如，点距为 0.28mm 的 14 英寸显示器，它的分辨率为 1 024×768。

(4) 像素分辨率。

像素分辨率指一个像素的宽和长的比例（也称为像素的长度比）。在像素分辨率不同的计算机上显示同一幅图像，会得到不同的显示效果。

四、图像色彩深度

图像色彩深度是指图像中可能出现的不同颜色的最大数目，它取决于组成该图像的所有像素的位数之和，即位图中每个像素所占的位数。例如，图像深度为 24，则位图中每个像素有 24 个颜色值，可以包含 16 772 216 种不同的颜色，称为真彩色。

生成一幅图像的位图时要对图像中的色调进行采样，调色板随之产生。调色板是包含不同颜色的颜色表，其颜色数依图像深度而定。

五、 图像文件的大小

图像文件的大小是指在磁盘上存储整幅图像所占的字节数，可按下面的公式进行计算。

　　　　文件字节数＝图像分辨率（高×宽）×图像深度÷8

例如，一幅 1 024×768 大小的真彩色图片所需的存储空间为：

　　　　1 024×768×24÷8＝2 359 296Byte＝2 304KB

显然，图像文件所需的存储空间很大，因此存储图像时必须采用相应的压缩技术。

六、 图像类型

数字图像最常见的类型有 3 种：图形、静态图像和动态图像。

(1) 图形。

图形一般指利用绘图软件绘制的简单几何图案的组合，如直线、椭圆、矩形、曲线或折线等。

(2) 静态图像。

静态图像一般指利用图像输入设备得到的真实场景的反映，如照片、印刷图像等。

(3) 动态图像。

动态图像是由一系列静止画面按一定的顺序排列而成的，这些静止画面被称为动态图像的"帧"。每一帧与其相邻帧的内容略有不同，当帧画面以一定的速度连续播放时，由于视觉的暂留现象而造成了连续的动态效果。

 动态图像一般包括视频和动画两种类型：对现实场景的记录被称为视频，利用动画软件制作的二维或三维动态画面被称为动画。为了使画面流畅没有跳跃感，视频的播放速度一般应达到每秒 24～30 帧，动画的播放速度要达到每秒 20 帧以上。

1.2.2　范例解析——认识 Flash 动画的特点

Flash 动画是一种矢量动画格式，具有体积小、兼容性好、直观动感、互动性强大、支持 MP3 音乐等诸多优点，是当今最流行的网络动画格式。

一般来说，Flash 动画具有以下突出的特点。

(1) 文件的数据量小。

Flash 特别适用于创建通过 Internet 提供的内容，因为它的文件非常小。与位图图形相比，矢量图形需要的内存和存储空间小很多，因为它们是以数学公式而不是大型数据集来表示的。位图的数据量之所以更大，是因为图像中的每个像素都需要一组单独的数据来表示。

(2) 图像质量高。

由于矢量图像可以做到真正的无级放大，因此图像不仅始终可以完全显示，而且不会降低图像质量。而一般的位图，当用户将它们放大到一定程度，就会看到一个个锯齿状的色块。

(3) 交互式动画。

借助 ActionScript 的强大功能，Flash 不仅可以制作出各种精彩炫目的顺序动画，也能制作出复杂的交互式动画，使用户可以对动画进行控制。这是 Flash 一个非常重要的特点，它有效地扩展了动画的应用领域。

(4) 流媒体播放技术。

Flash 动画采用了边下载边播放的"流式（Streaming）"技术，在观看动画时，不是等到动画文件全部下载到本地后才能观看，而是"即时"观看。虽然后面的内容还没有完全下载，但是前面的内容同样可以播放。这实现了动画的快速显示，减少了用户的等待时间。

（5）丰富的视觉效果。

Flash 动画有崭新的视觉效果，比传统的动画更加新颖与灵巧，更加炫目精彩。不可否认，它已经成为一种新时代的艺术表现形式。

（6）成本低廉。

Flash 动画制作的成本非常低，使用 Flash 制作的动画能够大大地减少人力、物力资源的消耗。同时，在制作时间上也会大大减少。

（7）自我保护。

Flash 动画在制作完成后，可以把生成的文件设置成带保护的格式，这样维护了设计者的版权利益。

> **要点提示** Flash 动画具有的这些突出优点，使它除了被用于制作网页动画，还被应用于交互式软件的开发、展示和教学领域。由于 Flash 可以制作出高质量的二维动画，而且可以任意缩放，因此在多媒体制作领域得到了广泛应用，常用的多媒体制作工具 Authorware 和 Director 都可以直接引用 Flash 格式的动画。

1.3　熟悉 Flash CC 设计环境

在开始使用 Flash 进行动画设计之前，首先来了解一下 Flash 具有传奇色彩的发展过程和 Flash CC 版本的操作界面。

1.3.1　功能讲解——Flash CC 操作基础

一、Flash 发展简介

Flash 的前身叫做 FutureSplash Animator，由美国乔纳森·盖伊在 1996 年夏季正式发行，并很快获得了微软和迪斯尼两大巨头公司的青睐，之后成为这两家公司的最大客户。

由于 FutureSplash Animator 的巨大潜力吸引了当时实力较强的 Macromedia 公司的关注，于是在 1996 年 11 月，Macromedia 公司仅用 50 万美元就成功收购了乔纳森·盖伊的公司，并将 FutureSplash Animator 改名为 Macromedia Flash 1.0。

经过 9 年的升级换代，2005 年 Macromedia 公司推出 Flash 8.0 版本，同时 Flash 也发展成为全球最流行的二维动画制作软件，同年 Adobe 公司以 34 亿美元的价格收购了整个 Macromedia 公司，并于 2010 年发行 Flash CC。从此，Flash 发展到了一个新的阶段。

二、Flash CC 界面介绍

（1）欢迎界面。

启动 Flash CC，进入图 1-24 所示的初始用户界面，其中包括以下 6 个主要版块（见表 1-1）。

表 1-1 Flash CC 界面版块及其功能

界面板块	功能
【打开最近的项目】	快速打开最近一段时间使用过的文件
【新建】	新创建 Flash 文档
【简介】	Adobe 公司为用户提供的关于 Flash 的简单介绍
【扩展】	用于快速登录 Adobe 公司的扩展资源下载网页
【模板】	从软件提供的模板创建新文件
【学习】	Adobe 公司为用户提供的学习资料

图1-24 初始用户界面

其中【新建】栏中的【ActionScript 3.0】指新建文档使用的脚本语言种类。

(2) 操作界面。

单击图 1-24 中所示的【ActionScript 3.0】选项，新建一个 Flash 文档，进入图 1-25 所示的默认操作界面，其中包括菜单栏、时间轴、工具栏、舞台、【属性】面板（也称为【属性】检查器）等。

Flash CC 人性化的界面，提供了几个可供用户选择的界面方案，单击图 1-25 所示的【界面设置选项】下拉列表即可选择界面方案，如图 1-26 所示。

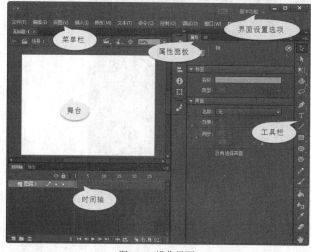

图1-25 操作界面

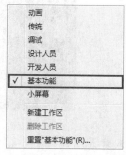

图1-26 界面方案

这里不再对面板中各个部分的具体功能作详细讲解，与其他软件一样，Flash 软件也需要在实战中了解、熟悉、掌握。只有通过实例操作，读者才能掌握各个工具的具体功能。

1.3.2　范例解析——制作"旋转文字效果"

使用 Flash 可以高效地实现动画制作。本案例将制作一个旋转文字效果，带领读者初步认识动画的制作过程，其操作思路及效果如图 1-27 所示。

图1-27　操作思路及效果

【操作步骤】

1.　运行 Flash CC 软件，单击【新建】面板中的【ActionScript 3.0】选项，新建一个 Flash 空白文档，如图 1-28 所示。

图1-28　Flash CC 开始页

2.　导入背景图片。

(1)　执行【文件】/【导入】/【导入到舞台】命令，如图 1-29 所示，打开【导入】对话框，双击导入附盘文件"素材\第 1 章\旋转文字效果\背景.jpg"。

(2) 设置场景中的显示模式为"显示全部"，如图 1-30 所示。

图1-29　Flash CC 开始页

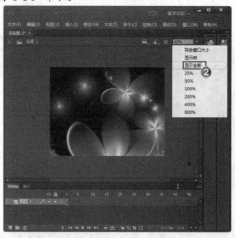

图1-30　导入背景图片

3. 调整图片大小和位置。

(1) 单击选中场景中的背景图片，按 Ctrl+K 组合键打开【对齐】面板，如图 1-31 所示。

(2) 选择【与舞台对齐】复选项。

(3) 单击 按钮使背景图片和舞台匹配大小。

(4) 单击 按钮使背景图片垂直位置相对舞台居中对齐。

(5) 单击 按钮使背景图片水平位置相对舞台居中对齐，最终效果如图 1-32 所示。

图1-31　【对齐】面板

图1-32　最终效果

4. 新建图层，效果如图 1-33 所示。

(1) 双击"图层 1"，激活图层重命名功能，重命名图层为"背景"层。

(2) 单击 按钮新建一个图层。

(3) 重命名新建的图层为"旋转文字"层。

(4) 单击"背景"图层锁定栏的黑点，锁定"背景"图层。

5. 输入文字，效果如图 1-34 所示。

(1) 单击"旋转文字"图层的第 1 帧，激活"旋转文字"图层。

(2) 按 [T] 键启用【文本】工具。

(3) 在舞台中单击鼠标左键,输入"梦幻花境"4 个字。

(4) 在【属性】面板设置文字属性。

(5) 单击【颜色】右边的色块,打开颜色设置面板,设置颜色为"#FF00FF"。

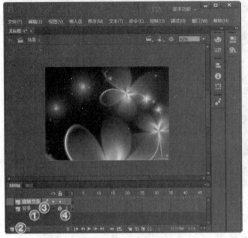

图1-33　新建图层　　　　　　　　　　　　　　图1-34　输入文字

6. 为文字添加模糊效果,如图 1-35 所示。

(1) 展开【属性】面板中的【滤镜】卷展栏。

(2) 在【滤镜】卷展栏下方单击 ▦ 按钮,弹出滤镜选择菜单。

(3) 在滤镜选择菜单中选择【模糊】滤镜,其他参数保持默认设置。

7. 创建文字元件,效果如图 1-36 所示。

(1) 确保文字块处于被选中状态。

(2) 按 [F8] 键打开【转换为元件】对话框,设置【名称】为"文字"。

(3) 单击 确定 按钮完成创建。

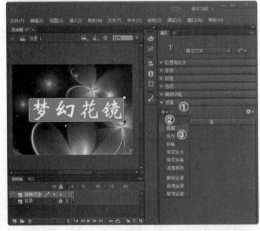

图1-35　为文字添加模糊效果　　　　　　　　　图1-36　创建文字元件

8. 制作旋转动画,效果如图 1-37 所示。

(1) 执行【窗口】/【动画预设】命令或单击 ▦ 按钮,打开【动画预设】面板。

(2) 展开"默认预设"文件夹,单击选中【3D 螺旋】选项。

(3) 单击 应用 按钮为场景中的文字创建三维的旋转动画。

图1-37 制作旋转动画

9. 插入帧，效果如图 1-38 所示。

(1) 单击背景图层的🔒按钮，解锁背景图层。

(2) 选中背景图层的第 50 帧，单击鼠标右键，选择【插入帧】命令，或者按 F5 键。

图1-38 插入帧

10. 按 Ctrl+Enter 组合键测试影片，如图 1-39 所示。

图1-39 测试影片

要点提示 插入帧是因为背景图层的帧长度不够，插入帧后，在测试影片时，背景图片出现在画面中。

11. 按 Ctrl+S 组合键保存影片文件，案例制作完成。

1.4　学习辅导——使用 Flash 制作动画的流程

在开始全面学习 Flash 动画制作技术之前，首先从宏观上了解制作 Flash 动画的一般流程是十分必要的，如图 1-40～图 1-42 所示。

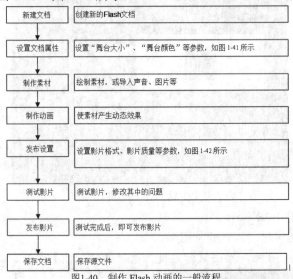

图1-40　制作 Flash 动画的一般流程

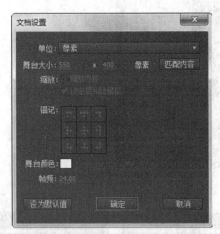

图1-41　文档设置

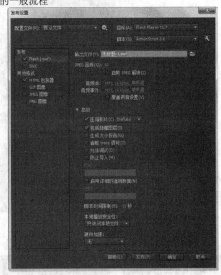

图1-42　发布设置

1.5　习题

1. 动画在现代设计和生产中有何重要用途？
2. 矢量图和位图有何主要区别？
3. 简要说明 Flash 动画的特点。
4. 熟悉 Flash CC 的设计界面。
5. 简要说明 Flash 动画的制作流程。

第2章 制作素材

【学习目标】
- 掌握绘图工具的使用方法。
- 了解绘图和填色的技巧。
- 掌握导入素材的方法。
- 了解使用导入素材制作动画的方法。

使用 Flash CC 进行动画开发时需要大量的素材，取得动画素材的途径一般有使用 Flash CC 软件自带的绘图工具进行动画素材绘制和导入外部素材两种方式。使用 Flash 自带的绘图工具进行动画素材绘制也是制作优秀动画作品的基础，本章将从绘制素材入手进行讲解。

2.1 绘制素材

正所谓"工欲善其事，必先利其器"，在开始讲述利用 Flash 绘图工具进行动画素材绘制之前，首先来认识一下 Flash CC 为用户提供的绘图工具。

2.1.1 功能讲解——绘图工具简介

一、认识绘图工具

Flash CC 提供了强大的绘图工具，给用户制作动画素材带来了极大的方便。【工具】面板中的具体工具名称与其快捷键如图 2-1 所示。

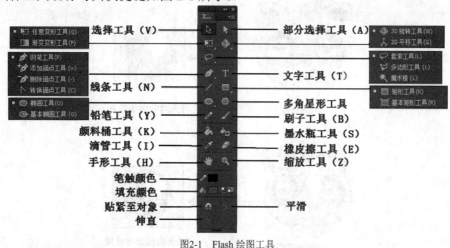

图2-1 Flash 绘图工具

根据用途的不同，工具可分为以下 6 类，如表 2-1 所示。

表 2-1	绘图工具的分类
分类	内容
规则形状绘制工具	主要包括【矩形】工具、【椭圆】工具、【基本矩形】工具、【基本椭圆】工具、【多角星形】工具和【线条】工具
不规则形状绘制工具	主要包括【钢笔】工具、【铅笔】工具、【笔刷】工具和【文本】工具
形状修改工具	主要包括【选择】工具、【部分选择】工具和【套索】工具
颜色修改工具	主要包括【墨水瓶】工具、【颜料桶】工具、【滴管】工具、【橡皮擦】工具、【颜色】工具和【填充变形】工具
视图修改工具	主要包括【手形】工具和【缩放】工具
动画辅助工具	主要包括【骨骼】工具、【绑定】工具、【平移】工具和【旋转】工具

使用 Flash 绘图工具绘制出的素材是矢量图，可以对其进行移动、调整大小、重定形状、更改颜色等操作，而不影响素材的品质，矢量图形和位图图像的对比如表 2-2 和图 2-2 所示。

表 2-2		矢量图形和位图图像的对比
类型		含义
矢量图形	定义	用矢量曲线来描述图像，包括颜色和位置等属性
	特点	矢量图形与分辨率无关，可以显示在各种分辨率的输出设备上，而其品质不受影响
	应用	矢量图形适合用于线性图，特别是在二维卡通动画中，能够有效地减少文件容量
位图图像	定义	用像素排列在网格内的彩色点来描述图像
	特点	图像与分辨率有关，在比图像本身的分辨率低的输出设备上显示位图时会降低它的外观品质
	应用	位图图像适合用于表现层次和色彩细腻丰富、包含大量细节的图像

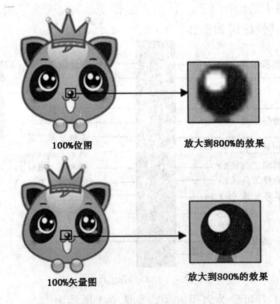

图2-2　矢量图形和位图图像的对比

二、 使用绘图工具——绘制"花盆"

下面将使用简单的绘图工具绘制一个花盆，并在花盆的旁边点缀两颗星星，操作思路与效果如图2-3所示。

|绘制花盆底部 ①|绘制花盆边沿 ②|绘制盆心 ③|
|绘制第一株花苗 ④|绘制其他花苗 ⑤|绘制装饰的星星 ⑥|

图2-3 操作思路及效果

【操作步骤】

1. 绘制花盆底部。

(1) 新建一个 Flash 空白文档。

(2) 新建图层，如图 2-4 所示。

① 连续单击 ⊡ 按钮新建图层。

② 重命名各图层。

③ 锁定除"花盆底部"以外的图层。

④ 单击"花盆底部"图层的第 1 帧。

(3) 绘制矩形，如图 2-5 所示。

① 按 R 键启用【矩形】工具。

② 在舞台上绘制一个矩形。

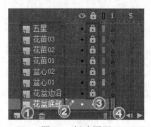

图2-4 新建图层

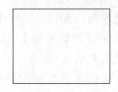

图2-5 绘制矩形

(4) 调整矩形形状，如图 2-6 所示。

① 按 V 键启用【选择】工具。

② 调整矩形为一个梯形（当把鼠标指针移动到矩形的右下角或左下角时，鼠标指针形状变为 ↳，按下鼠标左键即可开始调整）。

③ 调整梯形底边形状为圆弧状（当把鼠标指针移动到梯形的底边时，鼠标指针形状变为 ↳，按下鼠标左键即可开始调整）。

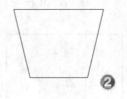

图2-6　调整矩形形状

(5)　为花盆底部填充颜色，如图 2-7 所示。

①　按 K 键启用【填充】工具。

②　执行【窗口】/【颜色】命令或者单击 按钮打开【颜色】面板。

③　在【颜色】面板中设置【颜色类型】为【线性渐变】。

④　单击【色带】的中间位置，添加一个色块，依次设置色块颜色。

⑤　单击盆底封闭区域即可填充该区域。

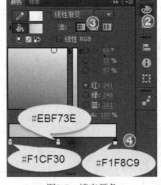

图2-7　填充颜色

(6)　删除轮廓线，如图 2-8 所示。

①　按 V 键启用【选择】工具。

②　鼠标左键双击轮廓线，选中轮廓线。

③　按 Delete 键删除轮廓线。

(7)　设置渐变方向，如图 2-9 所示。

①　按 F 键启用【渐变变形】工具。

②　单击渐变填充的区域。

③　调整渐变方向（当鼠标指针移动到 旋转控制柄上，鼠标指针变为 状态时，按下鼠标左键即可旋转渐变方向）。

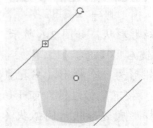

图2-8　删除轮廓线　　　　　　　　　　　　图2-9　设置渐变方向

2. 锁定除"花盆边沿"以外的图层，使用同样的方法在"花盆边沿"图层上绘制边沿图形，如图 2-10 所示。

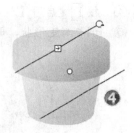

图2-10　绘制"花盆边沿"

3. 绘制"盆心"。

(1) 绘制"盆心 01"，如图 2-11 所示。

① 锁定除"盆心 01"以外的图层，单击"盆心 01"图层的第 1 帧。

② 按 ⓞ 键启用【椭圆】工具。

③ 在舞台上绘制一个椭圆。

④ 在【颜色】面板中设置填充椭圆的颜色为径向填充。

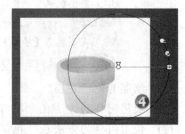

图2-11　绘制"盆心 01"

(2) 锁定除"盆心 02"以外的图层，使用同样的方法绘制一个椭圆，如图 2-12 所示。

图2-12　绘制"盆心 02"

4. 绘制"花苗"。

(1) 绘制花苗的轮廓，如图 2-13 所示。

① 锁定除"花苗 01"以外的图层。

② 按 Ⓝ 键启用【线条】工具。

③ 在"花苗 01"图层上绘制花苗的轮廓。

④ 使用【选择】工具进行调整。

(2) 为"花苗"填充颜色，如图 2-14 所示。

① 在【颜色】面板中设置【颜色类型】为【线性渐变】。
② 设置色块颜色。
③ 填充花苗的轮廓区域。
④ 按 F 键启用【渐变变形】工具。
⑤ 调整渐变形状，删除轮廓线。

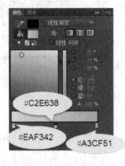

图2-13　绘制花苗的轮廓　　　　　　　　　　　　　　　　图2-14　填充颜色

 当使用【填充】工具进行区域填充时，如果所填充的区域并不是一个封闭的区域，将出现填充无效的情况。这种问题可以通过以下两种方法来处理。

（1）如果被填充区域的空隙不是特别大，可以在启用【填充】工具的情况下，在工具栏下方单击 ⃝ 按钮选择填充允许的空隙大小，如图 2-15 所示。

（2）在不改变【填充】工具设置的情况下，可以启用【选择】工具，并按下【工具栏】下方的 ⌂ 【贴近至对象】按钮，检查并连接空隙部分。

5.　绘制其他"花苗"。
(1)　使用同样的方法在"花苗02"图层上绘制花苗，如图 2-16 所示。
(2)　使用同样的方法在"花苗03"图层上绘制花苗，如图 2-17 所示。

图2-15　设置填充空隙　　　　　图2-16　绘制"花苗02"　　　　　图2-17　绘制"花苗03"

6.　绘制装饰的星星。
(1)　绘制五角星，如图 2-18 所示。
① 锁定除"五角星"以外的图层。
② 按下鼠标左键并拖动【多角星形工具】按钮 ⬢ 。
③ 在【属性】面板的【工具设置】卷展栏中单击 选项... 按钮，弹出【工具设置】对话框。
④ 设置【样式】为【星形】，【边数】为"5"。
⑤ 在舞台上绘制一个五角星。
(2)　为星星填充颜色，如图 2-19 所示。
① 在【颜色】面板中设置【颜色类型】为【线性渐变】。

② 设置色块颜色。

③ 按 F 键启用【渐变变形】工具。

④ 调整渐变形状。

⑤ 删除轮廓线。

图2-18　绘制五角星

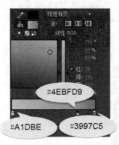

#4EBFD9

#A1DBE　#3997C5

图2-19　填充颜色

(3)　使用同样的方法绘制第 2 颗五角星，如图 2-20 所示。

#FA62A8

#FCE2ED

图2-20　绘制第 2 颗五角星

(4)　按 Ctrl+S 组合键保存影片文件，案例制作完成。

2.1.2　范例解析——绘制"真实枫叶效果"

本案例将通过绘制一枚精致的枫叶，带领读者学习掌握绘制仿真对象的方法，操作思路及效果如图 2-21 所示。

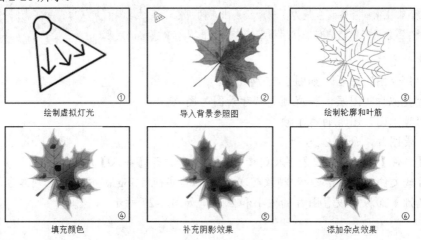

绘制虚拟灯光　　　　　导入背景参照图　　　　　绘制轮廓和叶筋

填充颜色　　　　　补充阴影效果　　　　　添加杂点效果

图2-21　操作思路及效果

【操作步骤】

1.　绘制假想光源。

(1)　新建一个 Flash 文档，设置文档属性，如图 2-22 所示。

(2)　新建图层，如图 2-23 所示。

①　连续单击 ▦ 按钮新建图层，重命名各图层。

②　单击 ● 按钮，锁定除"虚拟灯"以外的图层。

③　单击选中"虚拟灯"图层的第 1 帧。

图2-22　新建文档

图2-23　新建图层

(3)　在工具栏中选择 ╱ 和 ⬭ 工具，在画布的左上角绘制一个虚拟灯光，如图 2-24 所示。

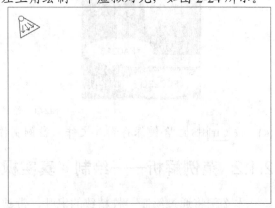

图2-24　绘制虚拟灯光

 在画布上绘制虚拟灯光是为了辅助绘画中空间想象，通过虚拟灯光联想在真实光照下所绘制对象的阴影效果和明暗分布，从而帮助读者绘制出具有真实感的对象。

2.　导入背景图片。

(1)　激活"背景图"图层，如图 2-25 所示。

①　锁定"虚拟灯"图层，取消锁定"背景图"图层。

②　选中"背景图"图层的第 1 帧。

(2)　导入背景图片，如图 2-26 所示。

①　执行【文件】/【导入】/【导入到舞台】命令，打开【导入】对话框。

②　双击附盘文件"素材\第 2 章\精致超现实枫叶\真实枫叶.jpg"，将其导入到舞台。

(3)　在【属性】面板中设置图片的大小和位置，如图 2-27 所示。

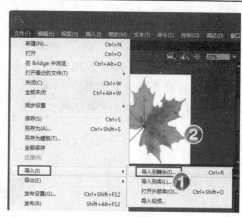

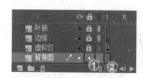

图2-25 激活"背景图"图层

图2-26 导入背景图片

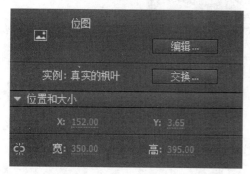

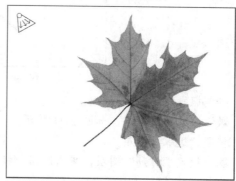

图2-27 设置【位置和大小】参数

> **要点提示** 对于刚刚开始进行鼠绘的读者，参照背景图进行描摹是非常有必要的。通过长期描摹掌握基本的绘图知识和绘图感觉后，再脱手进行绘制。

3. 绘制枫叶边缘效果。

(1) 激活"边缘"图层，如图 2-28 所示。

① 锁定"背景图"图层。

② 取消锁定"边缘"图层，单击选中"边缘"图层的第 1 帧。

(2) 绘制枫叶外轮廓，如图 2-29 所示。

① 按 P 键启用【钢笔】工具。

② 按照背景图的轮廓绘制枫叶轮廓。

图2-28 激活边缘图层

图2-29 绘制枫叶外轮廓

要点提示　绘制边缘时，请注意保证轮廓的封闭性。只有封闭的边缘才能使后续的颜色填充顺利进行。
　　　　　按【贴紧至对象】按钮🔘可方便最后的封口操作。

(3)　调整枫叶外轮廓，如图 2-30 所示。

①　按 V 键启用【选择】工具。

②　按照背景图的轮廓细部调整枫叶轮廓。

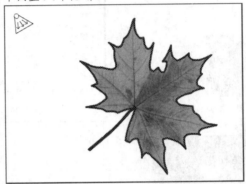

图2-30　调整枫叶外轮廓

4.　绘制枫叶叶筋。

(1)　激活"叶筋"图层，如图 2-31 所示。

①　锁定"边缘"图层。

②　取消锁定"叶筋"图层，单击激活"叶筋"图层的第 1 帧。

(2)　绘制"叶筋"，如图 2-32 所示。

①　按 P 键启用【钢笔】工具。

②　按照背景图轮廓绘制枫叶叶筋。

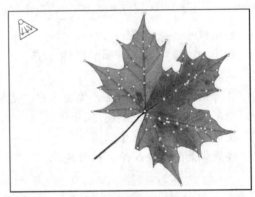

图2-31　激活叶筋图层

图2-32　绘制枫叶叶筋

要点提示　使用【钢笔】工具绘制一条线段结束时，可以通过只按一次 Esc 键来取消当前线段绘制。然
　　　　　后单击鼠标左键，从而开始绘制新的线段。

(3)　细部调整"叶筋"，如图 2-33 所示。

①　按 V 键启用【选择】工具。

②　按照背景图的轮廓细部调整枫叶叶筋。

(4)　隐藏"背景图"图层，如图 2-34 所示。

(5)　设置枫叶叶筋颜色，如图 2-35 所示。

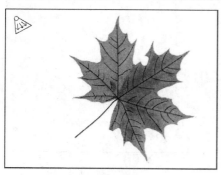

图2-33　细部调整叶筋

图2-34　隐藏背景图

① 按 V 键启用【选择】工具。

② 按住 Shift 键选中其中一条叶筋主干的所有线段。

③ 进入【颜色】面板设置【类型】为【线性渐变】。

④ 分别设置两个颜色色块。

(6) 调整枫叶叶筋颜色渐变，效果如图 2-36 所示。

① 按 F 键启用【渐变变形】工具。

② 调整叶筋渐变形状。

图2-35　设置枫叶叶筋颜色

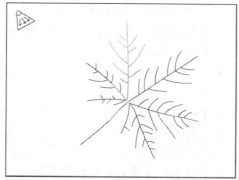

图2-36　调整枫叶叶筋颜色渐变

叶筋的颜色设置一定要联系现实枫叶的情况来设置，通常情况下叶筋越靠近边缘颜色越淡，越靠近叶柄颜色越深。

(7) 使用相同的颜色参数和调节方法设置其他叶筋主干和叶筋分支，效果如图 2-37 所示。

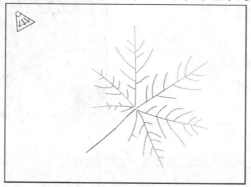

图2-37　调整其他叶筋主干和分支

5.　为枫叶上色。

(1)　激活"边缘"图层，如图 2-38 所示。

①　隐藏"叶筋"图层，取消锁定"边缘"图层。

②　单击"边缘"图层的第 1 帧。

(2)　绘制枫叶填色"边缘"，效果如图 2-39 所示。

①　按 Y 键启用【铅笔】工具。

②　绘制不同亮度的填充区域轮廓。

图2-39　绘制枫叶填色边缘

图2-38　激活边缘图层

(3)　填充不同亮度区域，效果如图 2-40 所示。

①　按 K 键启用【填充】工具。

②　为不同亮度区域填充不同颜色。

(4)　填充亮度变化区域，效果如图 2-41 所示。

①　在【颜色】面板中设置颜色为【径向渐变】。

②　设置色块颜色。

③　填充亮度变化区域。

④　按 F 键启用【渐变变形】工具。

⑤　调整渐变形状。

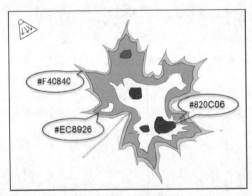

图2-40　填充不同亮度区域

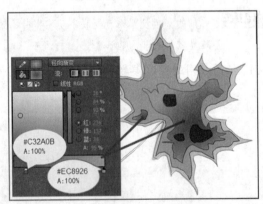

图2-41　填充亮度变化区域

 为枫叶上色时，请通过虚拟灯光来假想真实效果。颜色越淡表示被照射的灯光越多，颜色越暗表示被照射的灯光越少。

(5)　填充叶柄，如图 2-42 所示。

① 在【颜色】面板中设置颜色为【径向渐变】。

② 设置色块颜色。

③ 填充叶柄区域。

(6) 删除所有边缘线，效果如图 2-43 所示。

① 按 V 键启用【选择】工具。

② 单击"边缘"图层的第 1 帧，选中该帧上的所有对象。

③ 在【颜色】面板中设置【笔触】颜色为【无】。

图2-42 填充叶柄

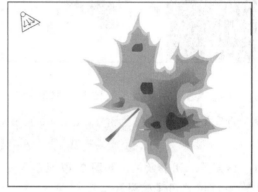

图2-43 删除边缘线

(7) 取消隐藏"叶筋"图层，锁定"边缘"图层，如图 2-44 所示。

(8) 添加图层，如图 2-45 所示。

① 选中"叶筋"图层。

② 连续 3 次单击▣按钮，新建 3 个图层。

③ 重命名各图层为"第一阴影效果""第二阴影效果"和"杂点"。

④ 锁定"第二阴影效果"图层和"杂点"图层。

图2-44 取消隐藏"叶筋"图层，锁定"边缘"图层

图2-45 添加图层

6. 添加阴影效果。

(1) 绘制第一阴影效果，如图 2-46 所示。

① 按 O 键启用【椭圆】工具。

② 在【工具】面板中按下▣按钮，启用对象绘制功能。

③ 在【颜色】面板中设置【填充】颜色为【径向渐变】，设置色块颜色左边为"#820C06"，透明度为 75%，色块右边为"#820C06"，透明度为 0%，设置【笔触】颜色为【无】。

④ 在画面左侧绘制一个圆形，按住 Ctrl 键用鼠标拖动圆形复制出 6 个圆形，并按照阴影效果要求放置在枫叶上。

(2) 调整第一阴影效果，效果如图 2-47 所示。

① 按 Q 键启用【任意变形】工具。

② 依次修改构成第一阴影效果的圆形，使其更加符合阴影效果。

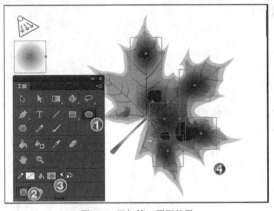

图2-46 添加第一阴影效果

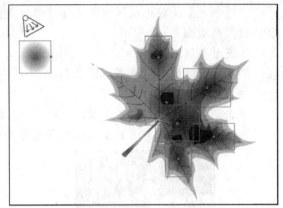

图2-47 调整第一阴影效果

(3) 锁定"第一阴影效果"图层，取消锁定"第二阴影效果"图层，如图 2-48 所示。

要点提示 第一阴影效果的使用可以使画面的阴影效果过渡更加自然，同时也是对前面阴影效果的一个补充。

(4) 绘制第二阴影效果，如图 2-49 所示。

① 按 O 键启用【椭圆】工具。

② 在【颜色】面板中设置色块颜色为【径向渐变】，颜色代码为"#D24917"，左边色块的透明度为 75%，右边色块透明度为 0%。

③ 在画面左侧绘制一个圆形，按住 Ctrl + V 键拖动圆，复制出 11 个圆形，并按照阴影效果要求放置在枫叶上。

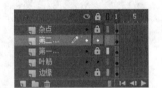

图2-48 取消锁定"第二阴影效果"图层

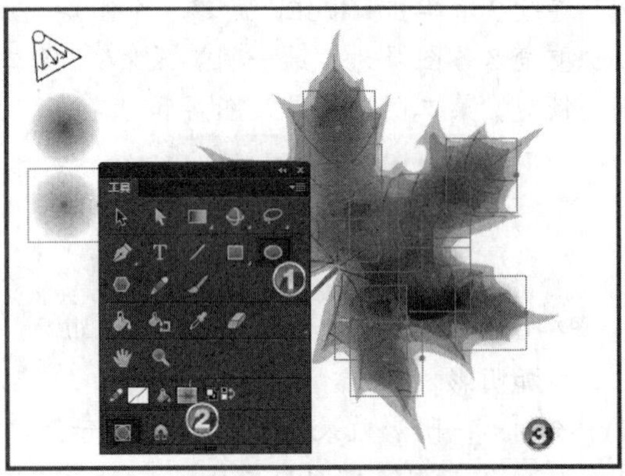

图2-49 添加第二阴影效果

(5) 调整第二阴影效果，效果如图 2-50 所示。

① 按 Q 键启用【任意变形】工具。

② 调整第二阴影效果的圆。

要点提示 细心的读者应该已经发现，第二阴影效果所用圆的颜色较亮，其目的相当于对画面补光，即对应该更加淡的部位进行增亮处理。

(6) 锁定"第二阴影效果"图层，取消锁定"杂点"图层，如图 2-51 所示。

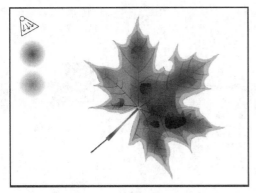

图2-50　调整阴影

图2-51　取消锁定杂点图层

(7)　绘制杂点，效果如图 2-52 所示。

①　按 B 键启用【刷子】工具。

②　在【工具】面板中单击 按钮，启用对象绘制功能。

③　设置【填充颜色】为 "#D25716"，绘制若干杂点。

④　设置【填充颜色】为 "#810B05"，绘制若干杂点。

  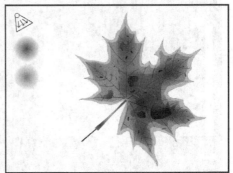

图2-52　绘制杂点

7.　按 Ctrl+S 组合键保存影片文件，案例制作完成。

2.2　导入图片和音频

当利用 Flash 自带的绘图工具绘制的素材不能满足需要时，用户还可以导入各种图片和视频素材来丰富开发资源。导入图片和音频的方法十分简单，在导入时没有任何参数需要设置，接下来介绍导入图片的方法。

2.2.1　功能讲解——导入图片和声音的方法

1.　将单个图片导入到舞台。

(1)　新建一个 Flash 文档。

(2)　导入图片到舞台，如图 2-53 所示。

①　执行【文件】/【导入】/【导入到舞台】命令，打开【导入】对话框。

②　双击导入附盘文件 "素材\第 2 章\导入图片素材练习\背景图片.jpg"。

31

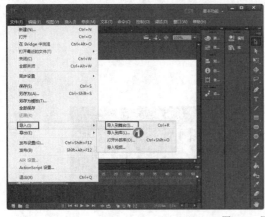

图2-53　导入图片到舞台

(3)　编辑图片，如图 2-54 所示。

①　选中舞台上的图片，按 Ctrl+B 组合键将图片打散。

②　按 E 键启用【橡皮擦】工具，用【橡皮擦】工具任意擦除图片的部分图像。

图2-54　编辑图片

2.　导入连续图片。

(1)　新建一个 Flash 文档。

(2)　导入图片到舞台，如图 2-55 所示。

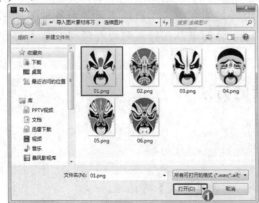

图2-55　导入图片到舞台

①　执行【文件】/【导入】/【导入到舞台】命令，打开【导入】对话框。双击附盘文件

"素材\第 2 章\导入图片素材练习\连续图片\01.png",弹出提示对话框。

② 单击 是 按钮将连续图片依次导入,并放置在连续的帧上。

最终效果如图 2-56 所示。

图2-56 最终效果

3. 导入 GIF 图片到库。

(1) 新建一个 Flash 文档。

(2) 导入 GIF 图片到库,如图 2-57 所示。

① 执行【文件】/【导入】/【导入到库】命令,打开【导入到库】对话框。

② 双击导入附盘文件"素材\第 2 章\导入图片素材练习\可爱猪猪.gif",如图 2-57 所示。

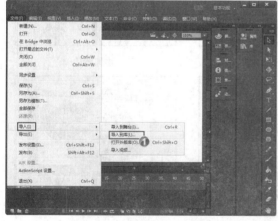

图2-57 导入 GIF 图片到库

(3) 此时【库】面板中生成了名为"元件 1"的影片剪辑元件,双击进入该元件编辑模式,如图 2-58 所示。

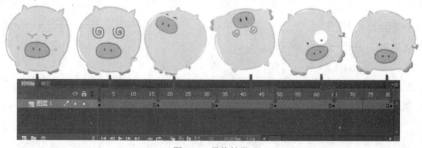

图2-58 最终效果

要点提示　GIF 是一种可以存储动画的图片格式，当使用 Flash 导入 GIF 图片，而 GIF 中又具有动画时，Flash 软件将自动生成一个影片剪辑元件来存储动画。

4.　导入声音的方法。

执行【文件】/【导入】/【导入到库】命令，即可导入到【库】面板中。

2.2.2　范例解析——制作"户外广告"

随着广告的发展，在路边、山间、田野随处可见户外广告的身影。本案例将通过导入图片和声音来模拟一个户外广告的效果，从而带领读者学习导入图片和声音的方法，操作思路和效果如图 2-59 所示。

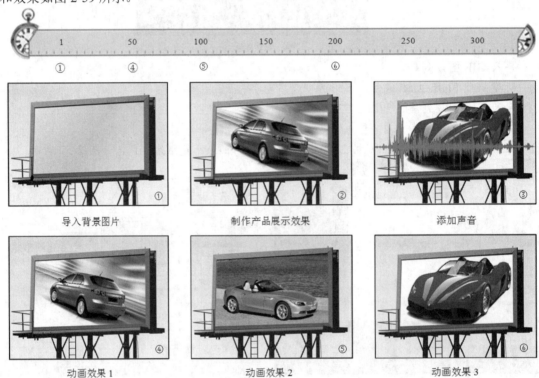

图2-59　操作思路及效果

【操作步骤】

1.　设置场景。

(1)　新建一个 Flash 文档。

(2)　设置文档属性，如图 2-60 所示。

(3)　新建图层，如图 2-61 所示。

①　连续 5 次单击 按钮，新建 5 个图层。

②　重命名各图层。

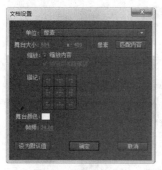

图2-60　设置文档参数

图2-61　新建图层

2. 导入背景图片，如图 2-62 所示。

(1) 选中"背景"图层的第 1 帧。

(2) 执行【文件】/【导入】/【导入到舞台】命令，打开【导入】对话框。

(3) 双击导入附盘文件"素材\第 2 章\户外广告\图片\户外广告.png"到舞台，如图 2-62 所示。

图2-62　导入背景图片

 由于场景的大小与图片的大小是一致的，而且导入的图片会自动对齐居中到舞台，所以导入后的图片与场景完全吻合，不需要进行其他操作。

3. 制作展示图片 1 的显示效果。

(1) 添加帧，如图 2-63 所示。

① 选中"背景"图层的第 240 帧。

② 按 Shift 键单击选中"声音"图层的第 240 帧，即可选中所有图层的第 240 帧。

③ 按 F5 键插入一个普通的帧或者单击鼠标右键选择【插入帧】命令。

(2) 导入展示图片 1，如图 2-64 所示。

① 选中"展示 1"图层的第 1 帧。

② 导入附盘文件"素材\第 2 章\户外广告\图片\跑动的汽车.bmp"到舞台。

③ 在【属性】面板的【位置和大小】卷展栏中设置图片【宽】为"440"，【高】为"308"，【X】为"80"，【Y】为"30"，如图 2-64 所示。

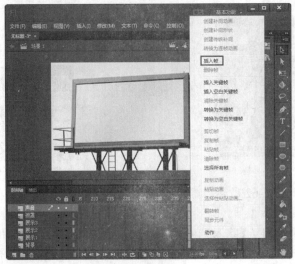

图2-63　添加帧

图2-64　导入展示图片 1

(3)　将图片转换为图形元件，如图 2-65 所示。

①　单击选中场景中的汽车图片，按 F8 键打开【转换为元件】对话框。

②　设置元件的【类型】为【图形】，【名称】为"跑动的汽车"。

③　单击 [确定] 按钮，完成转换。

图2-65　将图片转换为图形元件

 图片是不能直接制作动画的，需要将图片转换为元件才能制作各种动画效果。

(4) 制作图片 1 的渐显和渐隐效果，如图 2-66 所示。

① 选中"展示 1"图层的第 15 帧，按 F6 键插入一个关键帧。

② 用同样的方法分别在第 65 帧和第 80 帧处插入一个关键帧。

③ 单击选中第 1 帧处的元件，在【属性】面板的【色彩效果】卷展栏中设置【Alpha】值为"0%"。

④ 用同样的方法，设置第 80 帧处元件的【Alpha】值为"0%"。

⑤ 在第 1 帧 ~ 第 15 帧之间单击鼠标右键，在弹出的快捷菜单中选择【创建传统补间】命令。

⑥ 用同样的方法，在第 65 帧 ~ 第 80 帧之间创建传统补间动画。

图2-66　制作图片 1 的渐显和渐隐效果

要点提示　在选择某一帧上的元件时，有两种方法：一是选中该帧，然后在舞台上单击选中对应的元件；二是选中该帧，然后按 V 键即可选中帧上的元件。

4.　制作展示图片 2 的显示效果。

(1) 导入展示图片 2，如图 2-67 所示。

① 选中"展示 2"图层的第 80 帧，按 F6 键插入一个关键帧。

② 导入附盘文件"素材\第 2 章\户外广告\图片\海边汽车.png"到舞台。

③ 选中图片，在【属性】面板的【位置和大小】卷展栏中设置图片【宽】为"440"，【高】为"299.4"，【X】为"80"，【Y】为"15"。

(2) 将图片转换为图形元件，如图 2-68 所示。

① 单击选中场景中的汽车图片，按 F8 键打开【转换为元件】对话框。

② 设置元件的【类型】为【图形】，【名称】为"海边汽车"。

③ 单击 确定 按钮，完成转换。

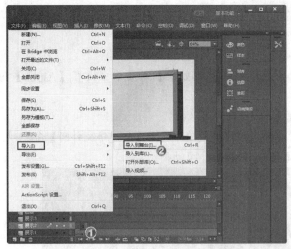

图2-67　导入展示图片 2

图2-68　将图片转换为图形元件

(3)　制作图片 2 的渐显和渐隐效果，如图 2-69 所示。

①　在"展示 2"图层的第 95 帧、第 145 帧和第 160 帧处插入关键帧。

②　分别设置第 80 帧和第 160 帧处元件的【Alpha】值为"0%"。

③　分别在第 80 帧～第 95 帧和第 145 帧～第 160 帧之间创建传统补间动画。

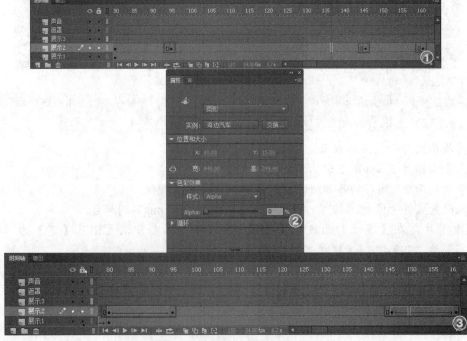

图2-69　制作图片 2 的渐显和渐隐效果

5. 制作展示图片 3 的显示效果。

(1) 导入展示图片 3，如图 2-70 所示。

① 选中"展示 3"图层的第 160 帧，按 F6 键插入一个关键帧。

② 导入附盘文件"素材\第 2 章\户外广告\图片\红色汽车.jpg"到舞台。

③ 选中图片，在【属性】面板的【位置和大小】卷展栏中设置图片的【宽】为"440"，
【高】为"330"，【X】为"91"，【Y】为"-2"。

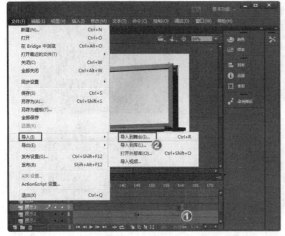

图2-70　导入展示图片 3

(2) 将图片转换为图形元件，如图 2-71 所示。

① 单击选中场景中的汽车图片，按 F8 键打开【转换
为元件】对话框。

② 设置元件的【类型】为【图形】，【名称】为"红色
汽车"。

③ 单击 确定 按钮，完成转换。

图2-71　将图片转换为图形元件

(3) 制作图片 3 的渐显和渐隐效果，如图 2-72 所示。

① 分别在"展示 3"图层的第 175 帧、第 225 帧和第 240 帧处按 F6 键插入关键帧。

② 分别设置第 160 帧和第 240 帧处元件的【Alpha】值为"0%"，分别在第 160 帧～第
175 帧和第 225 帧～第 240 帧之间创建传统补间动画。

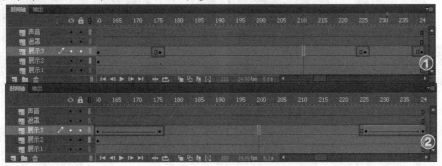

图2-72　制作图片 3 的渐显和渐隐效果

6. 制作遮罩。

(1) 制作遮罩元件，如图 2-73 所示。

① 选择"遮罩"图层的第 1 帧。

② 按 R 键启用【矩形】工具，设置【笔触颜色】为"无"，【填充颜色】为"#00CBFF"。

③ 在舞台上绘制一个矩形。

④ 按 V 键启用【选择】工具，调整矩形使矩形填充整个广告牌的显示屏幕。

图2-73　制作遮罩元件

(2) 制作多层遮罩，如图 2-74 所示。

① 用鼠标右键单击"遮罩"图层，在弹出的菜单命令中选择【遮罩层】命令，将"遮罩"层转换为遮罩层。

② 将"展示 1"图层、"展示 2"图层和"展示 3"图层转换为被遮罩层。

图2-74　制作多层遮罩

 当"遮罩"图层转换为遮罩层后，"展示 3"图层会自动转换为被遮罩层，然后可以将"展示 1"图层和"展示 2"图层拖到"展示 3"图层的下边，软件会自动识别并将其转换为被遮罩层。

7. 添加声音。

(1) 导入声音，如图 2-75 所示。

① 执行【文件】/【导入】/【导入到库】命令，打开【导入到库】对话框。

② 双击导入附盘文件"素材\第 2 章\户外广告\声音\bgsound.mp3"到库。

(2) 添加声音，如图 2-76 所示。

① 选中"声音"图层的第 1 帧。

② 在【属性】面板的【声音】卷展栏中设置声音的【名称】选项为"bgsound.mp3"。

③ 设置声音的【同步】选项为【数据流】和【重复】。

图2-75 导入声音

图2-76 添加声音

在【属性】面板的【声音】卷展栏中还可以设置声音的【效果】和【同步】选项，如图 2-77 所示。其中的参数说明如表 2-3 所示。

【效果】选项

【同步】选项

图2-77 声音参数设置

表 2-3 　　　　　　　　　　　　【效果】下拉列表中各选项的功能

选项	功能
无	不对声音文件应用效果，选择此选项将删除以前应用的效果
左声道、右声道	播放歌曲时，系统默认是左声道播放伴音，右声道播放歌词。所以，若插入一首 MP3 音乐时，想仅仅播放伴音，就选择左声道；想保留清唱，就选择右声道
向右淡出、向左淡出	将声音从一个声道切换到另一个声道

续表

选项	功能
淡入、淡出	淡入就是声音由低开始，逐渐变高；淡出就是声音由高开始，逐渐变低
自定义	选择该选项，系统将打开【编辑封套】对话框，可以通过拖曳对话框中的滑块来调节声音的高低。最多可以添加 5 个滑块。窗口中显示的上下两个分区分别是左声道和右声道，波形远离中间位置时，表明声音高；波形靠近中间位置时，表明声音低

在各种效果中常用的是淡入和淡出，通过设置 4 个滑块，在最低点开始逐渐升高，平稳运行一段后，在结尾处再设置为最低即可。

Flash CC 提供的【同步】下拉列表中各选项的功能如表 2-4 所示。

表 2-4　　　　　　　　　　【同步】下拉列表中各选项的功能

选项	功能
事件	将声音设置为事件，可以确保声音有效地播放完毕，不会因为帧已经播放完而引起音效的突然中断。制作该设置模式后声音会按照指定的重复播放次数一次不漏地全部播放
开始	将音效设定为开始，每当影片循环一次时，音效就会重新开始播放一次。如果影片很短而音效很长，就会造成一个音效未完而又开始另外一个音效的现象，这样就会造成音效的混合而使音效变乱
停止	结束声音文件的播放，可以强制开始和事件的音效停止
数据流	设置为数据流的时候，会迫使动画播放的进度与音效播放进度一致，如果遇到机器运行较慢，Flash 电影就会自动略过一些帧以配合背景音乐的节奏。一旦帧停止，声音即使没有播放完，也会停止

在同步设置中应用最多的是【事件】选项，它表示声音由加载的关键帧处开始播放，直到声音播放完或者被脚本命令中断。而【数据流】选项表示声音播放与动画同步，也就是说如果动画在某个关键帧上被停止播放，声音也将随之停止，直到动画继续播放的时候声音才会在停止处开始继续播放，一般用来制作 MTV。

8.　按 Ctrl+S 组合键保存影片文件，案例制作完成。

2.3　导入视频与打开外部库

Flash CC 版本对导入的视频格式作了严格的限制，只能导入 FLV 格式的视频，FLV 视频格式是目前网页视频观看的主要格式。

2.3.1　功能讲解——导入视频的方法

1.　选择视频，效果如图 2-78 所示。

(1)　执行【文件】/【导入】/【导入视频】命令，打开【导入视频】对话框。

(2)　选中【在 SWF 中嵌入 FLV 并在时间轴中播放】单选项。

(3)　单击 浏览... 按钮打开【打开】对话框。

(4)　双击附盘文件 "素材\第 2 章\导入视频素材练习/视频.flv"，返回【导入视频】对话框。

(5)　单击 下一步> 按钮进入【嵌入】视频设置界面。

2.　嵌入视频，如图 2-79 所示。

(1)　设置【符号类型】为【嵌入的视频】，其他参数保持默认。

(2)　单击 下一步> 按钮进入【完成视频导入】设置界面。

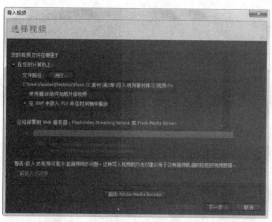

图2-78　选择视频

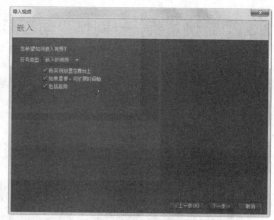

图2-79　嵌入视频

【符号类型】选项的设置对视频导入后的存在形式有非常大的影响，具体含义如表 2-5 所示，用户可以根据具体需要进行选择。

表 2-5　　　　　　　　　　　　　　　　【符号类型】选项中的类型及其含义

类型	含义
嵌入的视频	将视频导入到当前的时间轴上
影片剪辑	系统自动新建一个影片剪辑元件，将视频导入该影片剪辑元件内部的帧上
图形	系统自动新建一个图形元件，将视频导入该图形元件内部的帧上

3.　单击 完成 按钮完成视频导入，如图 2-80 所示。

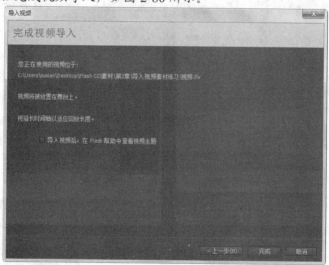

图2-80　完成视频导入设置

4.　打开外部库。

执行【文件】/【导入】/【打开外部库】命令，打开【打开】对话框，选中打开 Flash 源文件（即 .fla 文件）即可打开该源文件的库文件。使用外部库和使用【库】面板的操作是相同的，这里不再对其进行讲解。

2.3.2 范例解析——制作"动态影集"

您是否是一个"DV 发烧友",或者拥有很多拍摄视频而找不到好的编辑、处理方法,使所拍摄的视频缺少一些色彩呢?本案例将通过导入视频和外部库来制作一个动态影集效果,带领读者学习并掌握视频和外部库的导入方法,操作思路和效果如图 2-81 所示。

图2-81 操作思路及效果

【操作步骤】

1. 设置场景。

(1) 打开制作模板,如图 2-82 所示。

按 Ctrl+O 组合键打开附盘文件"素材\第 2 章\动态影集\动态影集.fla"。在文档中已经将开场动画以及控制代码布置完成。

(2) 新建图层,如图 2-83 所示。

图2-82 模板场景

图2-83 新建图层

① 选择"主题显示"图层。

② 单击  按钮在"主题显示"图层上面新建一个图层。

③ 重命名图层为"个人视频"。

2. 导入视频。

(1) 新建元件，如图 2-84 所示。

① 执行【插入】/【新建元件】命令，打开【创建
新元件】对话框。

② 设置元件的【类型】为【影片剪辑】。

图2-84 新建元件

③ 设置元件的【名称】为"视觉感受"。

④ 单击 █确定█ 按钮，创建一个影片剪辑元件，并进入元件编辑状态。

(2) 导入视频，如图 2-85 所示。

① 选择"图层 1"图层的第 1 帧。

② 执行【文件】/【导入】/【导入视频】命令，打开【导入视频】对话框。

③ 单击 █浏览...█ 按钮，打开【打开】对话框。

④ 双击选择附盘文件"素材\第 2 章\动态影集\视频\视觉感受.flv"。

⑤ 选择【在 SWF 中嵌入 FLV 并在时间轴中播放】单选项。

⑥ 单击 █下一步 >█ 按钮，进入【嵌入】界面。

(3) 设置视频的嵌入方式，如图 2-86 所示。

① 设置【符号类型】为【嵌入的视频】。

② 其他设置保持默认。

③ 单击 █下一步 >█ 按钮，进入【完成视频导入】界面。

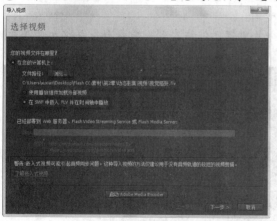

图2-85 导入视频

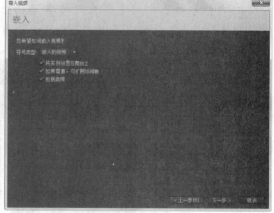

图2-86 设置视频的嵌入方式

(4) 单击 █完成█ 按钮，即可将视频导入到时间轴上，如图 2-87 所示。

3. 导入外部库中的元件。

(1) 新建元件，如图 2-88 所示。

① 执行【插入】/【新建元件】命令，打开【创建新元件】对话框。

② 设置元件的【类型】为【影片剪辑】。

③ 设置元件的【名称】为"视频控制"。

④ 单击 █确定█ 按钮，创建一个影片剪辑元件，并进入元件编辑状态。

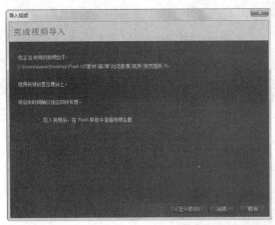
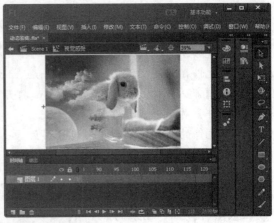

图2-87　导入视频

图2-88　新建元件

(2) 打开外部库文件，如图 2-89 所示。

① 单击选中"图层 1"图层的第 1 帧。

② 执行【文件】/【导入】/【打开外部库】命令，打开【打开】对话框，双击打开附盘文件"素材\第 2 章\动态影视\外部库\事物感受.fla"。

③ 将【外部库】面板中名为"事物感受"的影片剪辑元件拖入到当前舞台，并将元件居中对齐到舞台。

图2-89　打开外部库文件

> 要点提示　将【外部库】面板中的元件拖入到当前场景后，该元件及与其相关联的元件都会进入当前文档的【库】面板中，如图 2-90 所示。

(3) 布置"视觉感受"元件。

① 选择"图层 1"图层的第 2 帧，按 F7 键插入一个空白关键帧。

② 按 Ctrl+L 组合键打开【库】面板，如图 2-90 所示。

③ 将【库】面板中名为"视觉感受"的影片剪辑元件拖入到舞台，并将元件居中对齐到舞台，如图 2-91 所示。

图2-90 当前文档的【库】面板

图2-91 布置"视觉感受"元件

(4) 添加控制代码，如图 2-92 所示。

① 单击 按钮新建一个图层并重命名为"代码"。

② 选中"代码"图层的第 2 帧，按 F7 键插入一个空白关键帧，选中"代码"图层的第 1 帧，按 F9 键打开【动作】对话框。

③ 输入代码 "stop();"，用同样的方法给第 2 帧添加相同的控制代码。

图2-92 添加控制代码

 本操作中给两个关键帧都添加了控制代码，目的是让元件能够单独播放关键帧上的动画元件，而其播放的帧数由外部代码来控制。

4. 布置"视频控制"元件。

(1) 将元件放置到主场景中，如图 2-93 所示。

① 单击 ⬅ 按钮，退出元件编辑，返回主场景。

② 选中"个人视频"图层的第 35 帧，按 F7 键插入一个空白关键帧。

③ 将【库】面板中名为"视频控制"的影片剪辑元件拖入到舞台，在【属性】面板中设置元件的【实例名称】为"sp"。

④ 在【属性】面板中设置元件的位置和大小（【X】为"364.9"，【Y】为"258.7"，【宽】为"615"，【高】为"461.1"）。

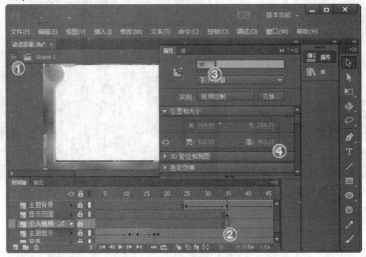

图2-93　将元件放置到主场景中

要点提示 设置元件【实例名称】的目的是让代码能够通过元件名称来控制该元件。

(2) 用鼠标右键单击"显示范围"图层，在弹出的快捷菜单中选择【遮罩层】命令，将"显示范围"层转换为遮罩层，如图 2-94 所示。

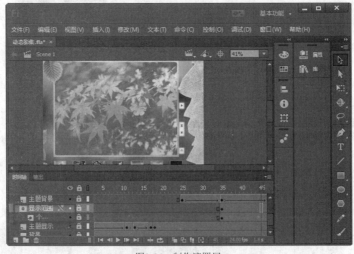

图2-94　制作遮罩层

5. 按 Ctrl+S 组合键保存影片文件，案例制作完成。

2.4 综合案例——为"炫酷左轮手枪"填色

颜色对于动画作品来说是十分重要的，本案例将针对使用渐变颜色和皮革图片来合理打造一支超级炫酷的左轮手枪效果图，操作思路及效果如图 2-95 所示。

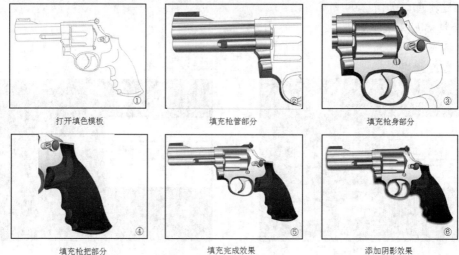

图2-95 操作思路及效果

【操作步骤】

1. 打开制作模板。
(1) 打开制作模板，如图 2-96 所示。
   按 Ctrl+O 组合键打开附盘文件"素材\第 2 章\炫酷左轮手枪\炫酷左轮手枪_模板.fla"。模板中已经绘制好了一把左轮手枪线图。
(2) 根据现实中左轮手枪的不同部位因为外形不同所表现出的反光效果不同，将左轮手枪线稿分为 3 个填充部分：枪管、枪身和枪把，如图 2-97 所示。

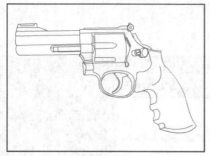

图2-96 打开制作模板

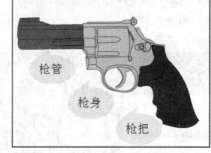

图2-97 线稿的划分

2. 填充枪管部分。

> **要点提示** 枪管部分的结构看似复杂，其实不然，枪管部分主要由金属管组成，只要掌握了金属柱状主要的调色方法之后，就可以驾轻就熟地完成枪管部分的填色。

(1) 调整主色调，如图 2-98 所示。
① 按 K 键启用【颜料桶】工具。

49

② 在【颜色】面板中设置填充【类型】为【线性渐变】。

③ 设置色块颜色，填充枪管。

④ 按 F 键启用【渐变变形】工具。

⑤ 调整线性渐变方向。

(2) 添加过渡色，如图 2-99 所示。

① 按 V 键启用【选择】工具。

② 确保填充部分被选中。

③ 添加过渡色块。

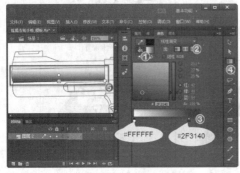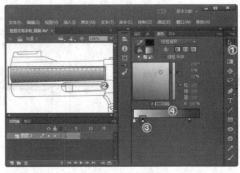

图2-98　调整主色调　　　　　　　　　　　　　图2-99　添加过渡色

④ 设置过渡色块颜色。

 左端的白色色块称为"亮色"，右端的暗蓝色色块称为"暗色"。切忌不可对金属管进行黑白两色的调整，暗部分也受到了环境色及本身材质色的影响，颜色不可能为纯黑。此处添加过渡颜色，其主要目的是使金属管的过渡效果更加具有层次感和柔和性。

(3) 添加金属亮区效果，如图 2-100 所示。

① 添加两个色块。

② 分别设置两色块颜色为"白色"。

(4) 添加两个过渡色柄，如图 2-101 所示。

① 添加两个色块。

② 分别设置色块的颜色。

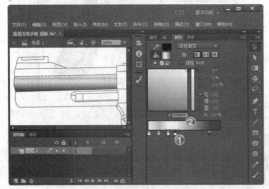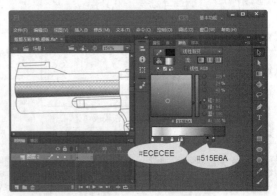

图2-100　添加金属亮区效果　　　　　　　　　图2-101　添加两个过渡色柄

这里添加金属亮面效果之后，枪管具有金属管效果。因为此时的亮面效果符合金属管反光的一般特性。故在填充时，多观察身边的具体事物可以帮助提升作品的真实表现效果。

(5) 添加过渡色块，并设置其颜色，如图 2-102 所示。

(6) 添加反光色，如图 2-103 所示。

① 添加一个色块。

② 设置色块颜色。

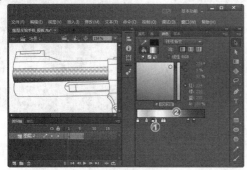
图2-102 添加过渡色块

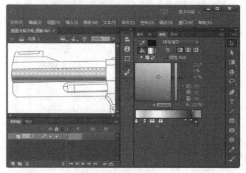
图2-103 添加反光色

(7) 在反光与暗色色块之间添加一个过渡色块，并设置其颜色，如图 2-104 所示。

(8) 在反光色块右侧添加暗色色块，并设置其颜色，如图 2-105 所示。

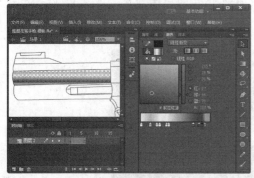
图2-104 在反光与暗色色块之间添加一个过渡色块

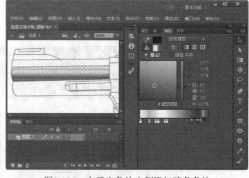
图2-105 在反光色块右侧添加暗色色块

这里金属圆柱的效果制作就完成了，可以将构成整个金属圆柱效果的色块体系分为功能色块和过渡色块两类。图 2-106 所示为只有功能色块的效果。功能色块构成了色彩效果的骨架，而过渡效果使这个色彩效果过渡更加柔和、真实。

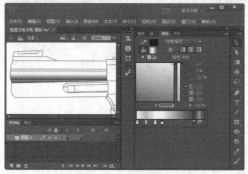
图2-106 只有功能色块的效果

(9) 使用相同的金属圆柱的渐变颜色填充枪管其他的部分，如图 2-107 所示。

(10) 填充枪管部分非管状区域，如图 2-108 所示。

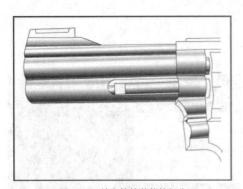

图2-107 填充枪管其他的部分

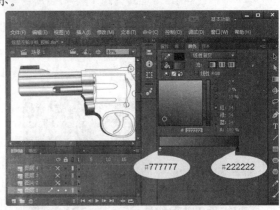

图2-108 填充枪管部分非管状区域

3. 填充枪身部分。

(1) 填充枪轮的凹陷部分，如图 2-109 所示。

① 按 K 键启用【颜料桶】工具。

② 设置填充【颜色类型】为【线性渐变】。

③ 按照枪管部分的金属柱状效果设置颜色色块，填充枪轮的凹陷部分。

④ 按 F 键启用【渐变变形】工具。

⑤ 调整渐变形状。

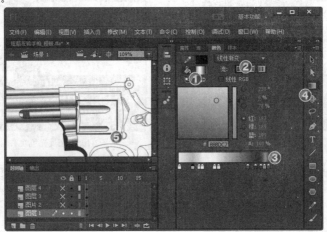

图2-109 填充枪轮的凹陷部分

 此处凹槽的横截面为半圆形，故可以使用金属柱状的颜色来填充，但凹槽的表现和圆柱的表现略有不同。凹槽的高光应该与圆柱相反。

(2) 绘制分割线，如图 2-110 所示。

① 按 N 键启用【线条】工具。

② 设置【笔触】颜色为"绿色"。

③ 绘制两条直线将枪轮分为 3 部分。

(3) 使用金属柱状颜色效果填充枪轮，并调整填充效果，得到图 2-111 所示的效果。

图2-110　绘制分割线

图2-111　使用金属柱状颜色效果填充枪轮

(4)　删除分割的绿色线，如图 2-112 所示。

(5)　枪轮的其他部分使用暗色渐变填充即可，如图 2-113 所示。

图2-112　删除分割的绿色线

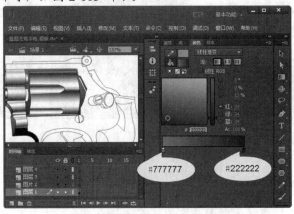

图2-113　枪轮的其他部分使用暗色渐变填充

(6)　绘制枪身分割线，如图 2-114 所示。

①　按 N 键启用【线条】工具。

②　设置【笔触】颜色为"绿色"。

③　绘制一条直线将枪身分为两部分。

(7)　填充枪身，如图 2-115 所示。

图2-114　绘制枪身分割线

图2-115　填充枪身

①　按 K 键启用【颜料桶】工具。

②　设置填充【颜色类型】为【线性渐变】。

③　添加并设置色块颜色。

④ 填充上下区域。

⑤ 按 F 键启用【渐变变形】工具。

⑥ 调整上下区域的填充渐变。

(8) 删除绿色分割线。

(9) 对扳机部分的暗色渐变部分填色,并调整渐变形状,如图 2-116 所示。

(10) 对扳机部分的亮色渐变部分进行填色,并调整渐变形状,如图 2-117 所示。

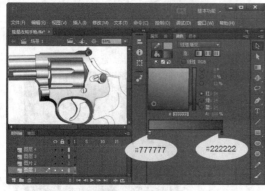

图2-116 对扳机部分的暗色渐变部分填色

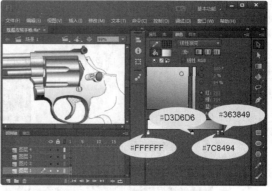

图2-117 对扳机部分的亮色渐变部分填色

4. 填充枪把部分。

(1) 绘制封闭区域,如图 2-118 所示。

① 按 N 键启用【线条】工具。

② 设置【笔触】颜色为"绿色"。

③ 按 V 键启用【选择】工具。

④ 调整线条形状,将枪把分成 5 个封闭的区域。

(2) 填充封闭区域 1,如图 2-119 所示。

① 按 K 键启用【颜料桶】工具。

② 在【颜色】面板中设置【颜色类型】为【线性渐变】。

③ 设置颜色色块。

④ 填充封闭区域 1。

⑤ 按 F 键启用【渐变变形】工具。

⑥ 调整渐变形状。

图2-118 绘制封闭区域

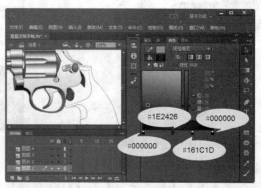

图2-119 填充封闭区域 1

(3) 填充并调整封闭区域 2,如图 2-120 所示。

(4) 填充并调整封闭区域3，如图2-121所示。

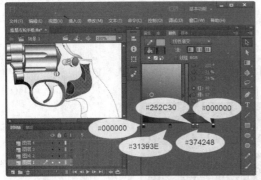

图2-120　填充并调整封闭区域2

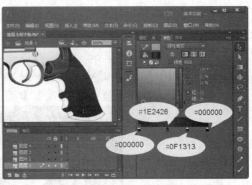

图2-121　填充并调整封闭区域3

(5) 填充并调整封闭区域4，如图2-122所示。

(6) 使用纯黑色填充封闭区域5，如图2-123所示。

图2-122　填充并调整封闭区域4

图2-123　使用纯黑色填充封闭区域5

5. 制作材质效果。

(1) 新建图层，如图2-124所示。

(2) 导入材质图片，如图2-125所示。

① 执行【文件】/【导入】/【导入到库】命令，打开【导入到库】对话框。

② 双击导入附盘文件"素材\第2章\炫酷左轮手枪\皮革效果.jpg"。

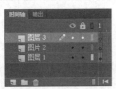

图2-124　新建图层

图2-125　导入材质图片

(3) 制作封闭区域 1 和封闭区域 3 部分的材质，如图 2-126 所示。

① 选中封闭区域 1 和封闭区域 3 的填充部分。

② 按 Ctrl+C 组合键复制。

③ 单击"图层 2"的第 1 帧。

④ 按 Ctrl+Shift+V 组合键将封闭区域 1 和封闭区域 3 粘贴到"图层 2"。

⑤ 在【颜色】面板中设置颜色【类型】为【位图填充】。

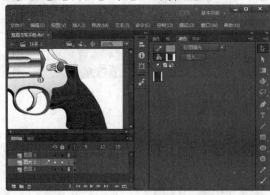

图2-126　制作封闭区域 1 和封闭区域 3 部分的材质

(4) 创建封闭区域 1 和封闭区域 3 材质元件，如图 2-127 所示。

① 确认封闭区域 1 和封闭区域 3 填充被选中。

② 按 F8 键打开【转换为元件】对话框。

③ 设置元件【名称】为"封闭区域 1 和 3 材质"。

④ 单击　确定　按钮完成创建。

⑤ 进入【属性】面板，在【色彩效果】卷展栏中设置【样式】为【Alpha】，如图 2-127 所示。

⑥ 设置【Alpha】值为"18%"。

图2-127　创建封闭区域 1 和封闭区域 3 材质元件

(5) 使用相同的方法在"图层 3"上为封闭区域 2 制作材质效果，如图 2-128 所示。

(6) 复制封闭区域 5，如图 2-129 所示。

① 选中封闭区域 5 的填充。

② 按 Ctrl+C 组合键复制。

③ 单击"图层 4"的第 1 帧。

④ 按 Ctrl+Shift+V 组合键将封闭区域 5 粘贴到"图层 4"上。

⑤ 连续按 ↑ 键向上移动图层 4 上的封闭区域 5 填充。

图2-128 为封闭区域 2 制作材质效果　　　图2-129 复制封闭区域 5

(7) 制作枪把底部反光，如图 2-130 所示。

① 确认图层 4 上的封闭区域 5 填充被选中。

② 进入【颜色】面板，设置其颜色【类型】为【线性渐变】。

③ 设置颜色色块。

④ 按 F 键启用【渐变变形】工具。

⑤ 调整渐变变形形状。

(8) 进行手枪制作的完善工作，效果如图 2-131 所示。

① 选中所有的绿色辅助线。

② 在【颜色】面板中设置辅助线颜色为"黑色"，【Alpha】值为"60%"。

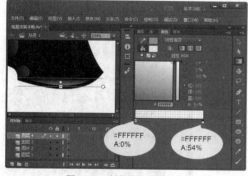

图2-130 制作枪把底部反光

图2-131 手枪制作完善后的效果

(9) 按 Ctrl+S 组合键保存影片文件，案例制作完成。

2.5 学习辅导——色彩的分类

在动画制作的开始阶段，读者有必要对色彩的分类有所了解。一般来说，不同的色彩代表不同的含义，通过颜色来代表各种思想和意义。下面对常用的色系进行讲解。

- 红色系：给人一种炎热、血色、恐怖、激情、庄重、严肃的感觉，但是长时间待在红色系房屋内会使人产生烦躁的情绪，如图 2-132 所示。

- 黄色系：使人联想到柠檬酸酸的感觉，黄色纯度高，明亮，适合用于警示标志，它还可以表现出高贵的气质和庄严的气氛，在古代中国及古埃及，黄色都是至高无上的象征，如图 2-133 所示。
- 蓝色系：给人一种清新、明快、活泼的感觉，适合用于表现天空、水面及幽静深远的空间，如图 2-134 所示。

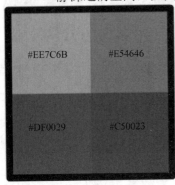

图2-132　红色系

图2-133　黄色系

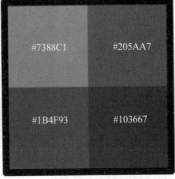

图2-134　蓝色系

- 绿色系：是大自然的颜色，清脆、透亮，象征着春天、朝气、生命和希望，给人一种清新的感觉，适合用于表现大自然及喜悦的心情，如图 2-135 所示。
- 白色：给人一种纯洁、单调、明亮的感觉，在不同国家白色有不同的意义，如西方婚礼中的白色婚纱，表现的是一种纯洁高贵的气质，如图 2-136 所示。
- 黑色：给人一种黑暗、恐怖、沉闷、肃穆、消极的感觉，黑色在动画作品中多用于表现消极的一面。在不同的设计中黑色具有不同的用途，如警示标志，是由黑、黄两色组成的，如黑色的西服，则可以表现出稳重、成熟的感觉，如图 2-137 所示。

图2-135　绿色系

图2-136　白色

图2-137　黑色

2.6　习题

1. Flash CC 如何获得动画素材？
2. 矢量图与位图有什么区别？Flash 绘图工具绘制出的素材属于哪一类？
3. Flash CC 能导入的视频格式有哪些？
4. 使用 Flash CC 的导入功能导入几张连续的图片。

5. 使用 Flash CC 的绘图工具，按图 2-138 所示绘制素材。

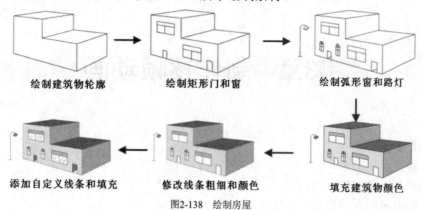

图2-138　绘制房屋

第3章 制作逐帧动画

【学习目标】
- 掌握逐帧动画原理。
- 掌握使用逐帧动的方法。
- 掌握对帧的各种操作。
- 了解元件和库的概念。

在 Flash 动画的制作中，逐帧动画（Frame By Frame）是一种基础的动画类型。逐帧动画的制作原理与电影播放模式类似，适合于表现细腻的动画情节。合理运用逐帧动画的设计技巧，可以制作出生动、活泼的作品。本章将从动画制作的原理和逐帧动画的原理出发，同时结合大量案例剖析的方式来全面讲述 Flash 逐帧动画。

3.1 掌握逐帧动画制作原理

逐帧动画的原理比较简单，但是要制作出优秀的逐帧动画对制作者的动画技能要求较高，这需要制作者多观察、思考。

3.1.1 功能讲解——认识逐帧动画原理

逐帧动画的制作是基于对 Flash 中帧的操作，因此在开始学习逐帧动画制作之前，要首先对 Flash 中帧的类型和操作进行了解。

一、帧的类型

Flash 中对帧的分类可以分为关键帧和普通帧，如表 3-1、图 3-1 和图 3-2 所示。

表 3-1 帧的分类及其要点

分类		要点
关键帧	定义	用来存储用户对动画的对象属性所作的更改或者 ActionScript 代码
	显示	单个关键帧在时间轴上用一个黑色圆点表示
	补间动画	关键帧之间可以创建补间动画，从而生成流畅的动画
	空白关键帧	关键帧中不包含任何对象即为空白关键帧，显示为一个空心圆点
普通帧		普通帧是指内容没有变化的帧，通常用来延长动画的播放时间。空白关键帧后面的普通帧显示为黑色，关键帧后面的普通帧显示为浅灰色，普通帧的最后一帧显示为一个中空矩形

图3-1　关键帧

图3-2　普通帧

二、 逐帧动画的原理

逐帧动画的原理是逐一创建出每一帧上的动画内容，然后顺序播放各动画帧上的内容，从而实现连续的动画效果，如图 3-3 所示。

图3-3　逐帧动画原理

创建逐帧动画的典型方法主要有 3 种，如表 3-2 所示。

表 3-2　　　　　　　　　　创建逐帧动画的典型方法及实例

方法	实例
从外部导入素材生成逐帧动画	如导入静态的图片、序列图像和 GIF 动态图片等
使用数字或者文字制作逐帧动画	如实现文字跳跃或旋转等特效动画
绘制矢量逐帧动画	利用各种制作工具在场景中绘制连续变化的矢量图形，从而形成逐帧动画

3.1.2　范例解析——制作"动态 QQ 表情"

日常网络交流中使用的动态 QQ 表情是使用逐帧动画制作的，本小节就使用逐帧动画来制作一个动态 QQ 表情，操作效果如图 3-4 所示。

第1帧效果　　第2帧效果　　第3帧效果　　第4帧效果　　第5帧效果　　第6帧效果

图3-4　操作效果

【操作步骤】

1. 新建一个 Flash 文档。
2. 设置文档属性，如图 3-5 所示。
(1) 设置文档【舞台大小】为"300×200"像素。
(2) 设置【帧频】为"3fps"。
(3) 其他属性使用默认参数。
3. 在第 1 帧处使用【椭圆】工具 ⬭ 绘制脸型和眼睛轮廓，如图 3-6 所示。

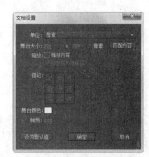

图3-5　设置文档属性

4. 使用【刷子】工具✎绘制眼睛的细部效果，如图 3-7 所示。

图3-6　眼睛轮廓

图3-7　眼睛效果

5. 使用【线条】工具✎绘制嘴巴效果，如图 3-8 所示。
6. 制作第 2 帧处的图形，效果如图 3-9 所示。
7. 在第 2 帧处按 F6 键插入一个关键帧。
   在舞台上绘制笑脸。

图3-8　笑脸效果

图3-9　绘制第 2 帧处的图形

要点提示　对帧的操作有 3 种方式：菜单命令（如图 3-10 所示）、鼠标右键快捷菜单（如图 3-11 所示）和键盘快捷键。常用的帧操作命令的快捷键及功能如表 3-3 所示。

撤消选择帧	Ctrl+Z
重复线	Ctrl+Y
剪切(T)	Ctrl+X
复制(C)	Ctrl+C
粘贴到中心位置(P)	Ctrl+V
粘贴到当前位置(N)	Ctrl+Shift+V
选择性粘贴	
清除(A)	Backspace
直接复制(D)	Ctrl+D
全选(L)	Ctrl+A
取消全选(V)	Ctrl+Shift+A
查找和替换(F)	Ctrl+F
查找下一个(N)	F3
时间轴(M)	▶
编辑元件	Ctrl+E
编辑所选项目(I)	
在当前位置编辑(E)	
首选参数(S)...	Ctrl+U
字体映射(G)...	
快捷键(K)...	

删除帧(R)	Shift+F5
剪切帧(T)	Ctrl+Alt+X
复制帧(C)	Ctrl+Alt+C
粘贴帧(P)	Ctrl+Alt+V
清除帧(L)	Alt+Backspace
选择所有帧(S)	Ctrl+Alt+A
剪切图层(U)	
拷贝图层(Y)	
粘贴图层(A)	
直接复制图层(E)	
复制动画(Z)	
粘贴动画(P)	
选择性粘贴动画...	

图3-10　选择【编辑】菜单下的命令

图3-11　用鼠标右键单击帧弹出的快捷菜单

表 3-3   常用的帧操作命令的快捷键

命令	快捷键	功能说明
创建补间动画		在当前选择的帧的关键帧之间创建动作补间动画
创建补间形状		在当前选择的帧的关键帧之间创建形状补间动画
插入帧	F5	在当前位置插入一个普通帧，此帧将延续上一帧的内容
删除帧	Ctrl+F5	删除所选择的帧
插入关键帧	F6	在当前位置插入关键帧并将前一关键帧的作用时间延长到该帧之前
插入空白关键帧	F7	在当前位置插入一个空白关键帧
清除关键帧	Shift+F6	清除所选择的关键帧，使其变为普通帧
转换为关键帧		将选择的普通帧转换为关键帧
转换空白关键帧		将选择的帧转换为空白关键帧
剪切帧	Ctrl+Alt+X	剪切当前选择的帧
复制帧	Ctrl+Alt+C	复制当前选择的帧
粘贴帧	Ctrl+Alt+V	将剪切或复制的帧粘贴到当前位置
清除帧	Alt+Back Space	清除所选择的关键帧
选择所有帧	Ctrl+Alt+A	选择时间轴中的所有帧
翻转帧		将所选择的帧翻转，只有在选择了两个或两个以上的关键帧时该命令才有效
同步符号		如果所选帧中包含图形元件实例，那么执行此命令将确保在制作动作补间动画时图形元件的帧数与动作补间动画的帧数同步
动作	F9	为当前选择的帧添加 ActionScript 代码

8. 用同样的方法在后续帧上绘制其他笑脸，如图 3-12 所示。

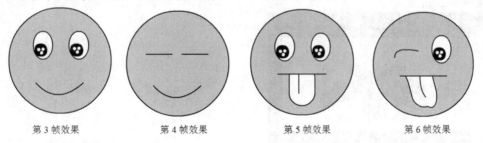

第 3 帧效果   第 4 帧效果   第 5 帧效果   第 6 帧效果

图3-12　在后续帧上绘制其他笑脸

9. 按 Ctrl+S 组合键保存影片文件，案例制作完成。

3.1.3　提高训练——制作"野外篝火"

　　火焰是 Flash 动画中常常需要表现的一种动画形式，本案例将制作一个逼真的火焰燃烧效果，从而带领读者深入学习并熟练掌握逐帧动画的制作方法，操作思路及效果如图 3-13 所示。

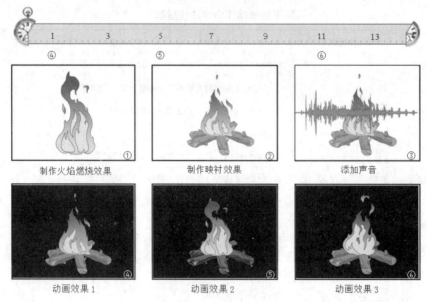

制作火焰燃烧效果　　　　　制作映衬效果　　　　　添加声音

动画效果1　　　　　　动画效果2　　　　　　动画效果3

图3-13　操作思路及效果

【操作步骤】

1. 布置场景。

(1) 打开制作模板，如图 3-14 所示。

按 Ctrl+O 组合键打开附盘文件"素材\第 3 章\野外篝火\野外篝火-模板.fla"。在场景中已经将木堆布置完成。

(2) 新建图层，如图 3-15 所示。

① 连续单击 按钮新建图层。

② 重命名各图层。

图3-14　模板文件

图3-15　新建图层

2. 制作火焰燃烧效果。

(1) 新建元件，如图 3-16 所示。

① 执行【插入】/【新建元件】命令，打开【创建新元件】对话框。

② 设置元件的【类型】为【影片剪辑】。

③ 设置元件的【名称】为"燃烧的火焰"。

64

④ 单击 <u>确定</u> 按钮，创建一个影片剪辑元件，并进入元件编辑状态。

图3-16　新建元件

(2) 绘制第 1 帧处的火焰轮廓，效果如图 3-17 所示。

① 选中 "图层 1" 图层的第 1 帧。

② 按 P 键启动【钢笔】工具。

③ 在【属性】面板的【填充和笔触】卷展栏中设置【笔触颜色】为 "#D91B09"，【笔触】为 "1"。

④ 在舞台中绘制火焰轮廓。

(3) 细调第 1 帧处的火焰轮廓，效果如图 3-18 所示。

① 按 V 键启动【选择】工具。

② 细部调整火焰轮廓，使其边缘过渡圆滑。

图3-17　绘制第 1 帧处火焰轮廓　　　　　　　　　　　　　图3-18　细调火焰轮廓

要点提示 火是由内焰和外焰组成的。无论火有多大，它在燃烧的过程中都会受到气流强弱的影响而显现出不规则的运动，但它们都有一个基本的运动规律，那就是扩张、收缩、摇晃、上升、下收、分离、消失。

(4) 填充内焰，效果如图 3-19 所示。

① 按 K 键启用【颜料桶】工具。

② 设置填充颜色为 "#FFFF00"。

③ 填充内焰区域颜色。

(5) 填充外焰，效果如图 3-20 所示。

① 按 K 键启用【颜料桶】工具。

② 在【颜色】面板中设置颜色【类型】为【线性渐变】。

③ 设置色块颜色，填充外焰区域颜色。

④ 按 F 键启动【渐变变形】工具，调整渐变形状。

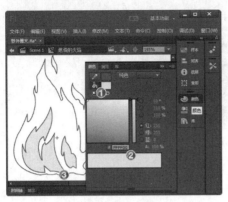

图3-19　填充内焰

图3-20　填充外焰

(6)　制作第 3 帧的火焰效果，如图 3-21 所示。

①　选择"图层 1"图层的第 3 帧，按 F7 键插入一个空白关键帧。

②　按照第 1 帧制作火焰的方法，绘制第 3 帧的火焰。

图3-21　制作第 3 帧的火焰效果

(7)　用同样的方法制作第 5 帧、第 7 帧、第 9 帧和第 11 帧的火焰效果，如图 3-22 所示。此时的【时间轴】面板如图 3-23 所示。

第 5 帧　　　　第 7 帧　　　　第 9 帧　　　　第 11 帧

图3-22　制作其他帧的火焰效果

图3-23　【时间轴】面板

(8)　布置火焰，效果如图 3-24 所示。

①　单击 ← 按钮，退出元件编辑返回主场景。

②　选中"火焰"图层的第 1 帧。

③　执行【窗口】/【库】命令，打开【库】面板。

④　将名为"燃烧的火焰"的影片剪辑元件拖入到舞台上。

3.　制作火焰的映衬效果。

(1)　复制帧，如图 3-25 所示。

①　选中"木堆"图层的第 1 帧。

图3-24　布置火焰

② 按 Ctrl+Alt+C 组合键复制选中的帧。

③ 选中 "映衬" 图层的第 1 帧。

④ 按 Ctrl+Alt+V 组合键粘贴帧。

⑤ 锁定 "木堆" 图层和 "火焰" 图层。

(2) 打散元件, 效果如图 3-26 所示。

① 选中 "映衬" 图层的第 1 帧。

② 连续按两次 Ctrl+B 组合键将当前的元件打散。

③ 在【颜色】面板中设置当前元件的【填充颜色】和【笔触颜色】都为 "#FFFF00"。

图3-25 复制帧

图3-26 打散元件

(3) 转换元件, 如图 3-27 所示。

① 按 F8 键打开【转换为元件】对话框。

② 设置元件【类型】为【影片剪辑】,【名称】为 "映衬"。

③ 单击 确定 按钮, 完成转换。

④ 按 V 键启动【选择】工具, 双击场景中的 "映衬" 元件, 进入元件的编辑状态。

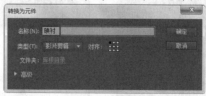

图3-27 转换元件

(4) 制作映衬效果, 如图 3-28 所示。

① 分别在 "图层 1" 图层的第 10 帧和第 20 帧处插入关键帧。

② 选中 "图层 1" 图层的第 1 帧, 在【颜色】面板中设置【填充颜色】和【笔触颜色】的【Alpha】值均为 "0%"。

③ 用同样的方法设置第 10 帧处【填充颜色】和【笔触颜色】的【Alpha】值均为 "30%"。

④ 设置第 20 帧处【填充颜色】和【笔触颜色】的【Alpha】值均为 "0%"。

⑤ 分别在第 1 帧~第 10 帧和第 10 帧~第 20 帧之间单击鼠标右键, 在弹出的快捷菜单中

选择【创建补间形状】选项，创建补间形状动画。

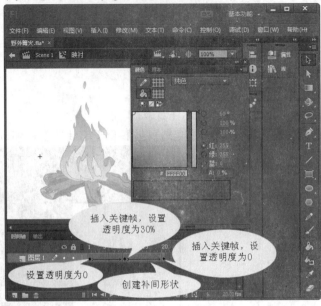

图3-28　制作映衬效果

4.　添加声音。

(1)　导入声音，如图 3-29 所示。

①　单击◀按钮，退出元件编辑返回主场景。

②　执行【文件】/【导入】/【导入到库】命令，打开【导入到库】对话框。

③　双击导入附盘文件 "素材\第 3 章\野外篝火\声音\火焰燃烧的声音.mp3" 到库。

(2)　添加声音，如图 3-30 所示。

①　选中 "声音" 图层的第 1 帧。

②　在【属性】面板的【声音】卷展栏中设置声音的【名称】为 "火焰燃烧的声音.mp3"。

③　设置声音的【同步】为【事件】和【循环】。

图3-29　导入声音

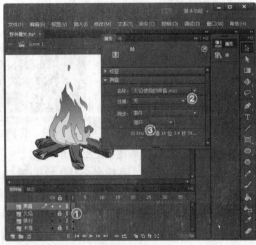

图3-30　添加声音

(3)　在【文档属性】面板中设置【背景颜色】为 "黑色"，如图 3-31 所示。

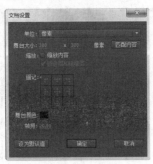

图3-31 修改背景颜色

要点提示 黑色能更好地映衬火焰的颜色。在实际案例制作中应该先设置背景颜色再进行制作，但由于考虑到写作中抓图的清晰性，所以最后才设置背景颜色为黑色。

5. 按 Ctrl + S 组合键保存影片文件，案例制作完成。

3.2 使用元件和库

元件是 Flash 动画中的重要元素，灵活地使用元件可以使开发工作事半功倍，所以本节任务首先从认识元件入手，再配合一个逐帧动画案例剖析来讲述元件这一知识点。

3.2.1 功能讲解——认识元件和库

元件是指创建一次即可以多次重复使用的图形、按钮或影片剪辑，而元件是以实例的形式来体现，库是容纳和管理元件的工具。

形象地说，元件是动画的"演员"，而实例是"演员"在舞台上的"角色"，库是容纳"演员"的"房子"，如图 3-32 所示，舞台上的图形如"木柴""火焰"都是元件，都存在于【库】中，如图 3-33 所示。

图3-32 元件在舞台上的显示

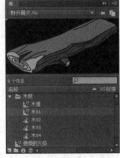

图3-33 元件和库

元件只需创建一次，就可以在当前文档或其他文档中重复使用。

3.2.2 范例解析——制作"浪漫出游"

本案例将通过元件和库来制作一个在公路上高速行驶的汽车，从而带领读者学习并掌握元件和库的常用操作，操作思路及效果如图 3-34 所示。

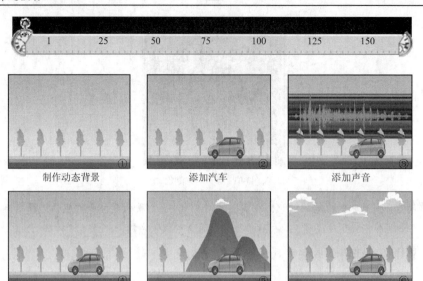

制作动态背景 ① 添加汽车 ② 添加声音 ③

动画效果 1 ④ 动画效果 2 ⑤ 动画效果 3 ⑥

图3-34 操作思路及效果

【操作步骤】

1. 制作动态背景。

(1) 打开制作模板，如图 3-35 所示。

按 Ctrl+O 组合键打开附盘文件 "素材\第 3 章\浪漫出游\浪漫出游-模板.fla"。在文档中的时间轴上已经创建了 3 个图层。

(2) 新建元件，如图 3-36 所示。

① 执行【插入】/【新建元件】命令，打开【创建新元件】对话框。

② 设置元件的【类型】为【影片剪辑】。

③ 设置元件的【名称】为 "动态背景"。

④ 单击 确定 按钮，创建一个影片剪辑元件，进入元件编辑状态。

图3-35 已经创建的图层

图3-36 新建元件

元件的类型有 3 种，即【图形】元件、【按钮】元件和【影片剪辑】元件，其具体含义如表 3-4 所示。

表 3-4 元件的类型和含义

内容	含义
【图形】元件	用于创建与主时间轴同步的可重用的动画片段。图形元件与主时间轴同步运行，也就是说，图形元件的时间轴与主时间轴重叠。例如，如果图形元件包含 10 帧，那么要在主时间轴中完整播放该元件的实例，主时间轴中需要至少包含 10 帧。另外，在图形元件的动画序列中不能使用交互式对象和声音，即使使用了也没有作用

续表

内容	含义
【按钮】元件	创建响应鼠标弹起、指针经过、按下和单击的交互式按钮
【影片剪辑】元件	创建可以重复使用的动画片段。例如，影片剪辑元件有10帧，在主时间轴中只需要1帧即可，因为影片剪辑将播放它自己的时间轴

(3) 新建图层，如图3-37所示。

① 单击按钮新建一个图层。

② 重命名图层1为"动态元件"，图层2为"遮罩"。

(4) 布置元件，如图3-38所示。

① 选中"动态元件"图层的第1帧。

② 执行【窗口】/【库】命令，打开【库】面板。

③ 将【库】面板中"动态背景素材"文件夹下名为"动态背景"的影片剪辑元件拖入到舞台中。

④ 在【属性】面板的【位置和大小】卷展栏中设置"动态背景"元件的【X】为"58.3"，【Y】为"–55"。

图3-37 新建图层　　　　　　　　　　图3-38 布置元件

要点提示 为了再现汽车的行驶和背景的多元化，本案例主要通过背景的循环运动来反衬汽车的行驶，而汽车只是放置在场景中并没有向前或向后运动，如图3-39所示。

(5) 制作遮罩元件，如图3-40所示。

① 选中"遮罩"图层的第1帧。

② 按 R 键启动【矩形】工具，设置【笔触颜色】为"无"，【填充颜色】为"#00CBFF"。

③ 在舞台上绘制一个矩形。

④ 在【属性】面板的【位置和大小】卷展栏中设置矩形的【宽】为"600"，【高】为"300"，【X】为"–600"，【Y】为"–150"。

(6) 选择"遮罩"图层，单击鼠标右键，在弹出的快捷菜单中选择【遮罩层】命令，将"遮罩"层转换为遮罩层，如图3-41所示。

图3-39　汽车的行驶原理

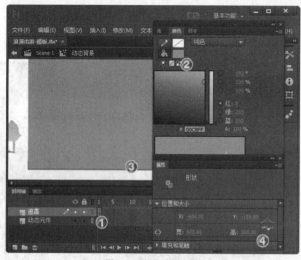

图3-40　制作遮罩元件

图3-41　转换遮罩层

 在此添加遮罩效果，是为了控制元件的显示内容，避免在进行多层、多元件操作时显示的内容过多而带来操作上的混乱。

(7)　在主场景中布置动态背景，如图 3-42 所示。

①　单击◀按钮，退出元件编辑返回主场景。

②　选中"动态背景"图层的第 1 帧。

③　将【库】面板中名为"动态背景"的影片剪辑元件拖曳到舞台。

④　将元件居中对齐到舞台。

2.　添加汽车，如图 3-43 所示。

(1)　单击"汽车"图层的第 1 帧。

(2)　将【库】面板中"汽车素材"文件夹下名为"汽车"的影片剪辑元件拖入到舞台。

(3)　在【属性】面板的【位置和大小】卷展栏中设置元件的【宽】为"180"，【高】为"67.5"，【X】为"295"，【Y】为"200"。

图3-42　在主场景中布置动态背景

图3-43　添加汽车

 为了更好地表现汽车真实的行驶效果，汽车的车轮需要设置自动旋转效果。其制作方法是先创建一个补间动画，然后通过【属性】面板的【补间】卷展栏设置补间【旋转】的"方式"和"转数"，如图3-44所示。

3.　添加声音，如图3-45所示。

(1)　单击"背景音乐"图层的第1帧。

(2)　在【属性】面板的【声音】卷展栏中设置声音的【名称】为"欢快的音乐.MP3"。

(3)　设置声音的【同步】为【事件】和【循环】。

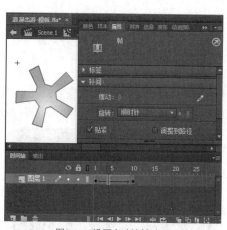

图3-44　设置自动旋转动画

图3-45　添加声音

4.　按 Ctrl+S 组合键保存影片文件，案例制作完成。

3.2.3　提高训练——手绘"神秘舞者"

在动画制作中，人物的动画制作要求较为细腻，一般需要用逐帧动画制作。本案例将使用逐帧动画来制作一个"神秘舞者"的动画效果，其制作思路及效果如图3-46所示。

④ 导入背景　　　⑤ 绘制舞者跳舞效果　　　⑥ 制作舞者倒影效果

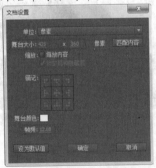

动画效果 1　　　　　动画效果 2　　　　　动画效果 3

图3-46　制作思路及效果

【操作步骤】

1.　制作背景。

(1)　新建一个 Flash 文档。

(2)　设置文档属性，如图 3-47 所示。

①　设置文档【舞台大小】为 "425×360" 像素。

②　设置【帧频】为 "12" fps，其他属性使用默认参数。

(3)　导入背景图片，如图 3-48 所示。

①　将默认图层重命名为 "背景"。

②　执行【文件】/【导入】/【导入到舞台】命令，打开【导入】对话框。

③　双击导入附盘文件 "素材\第 3 章\神秘舞者\背景.jpg" 到舞台。

④　将图片居中对齐到舞台。

图3-47　设置文档属性　　　　　　　图3-48　导入背景图片

2.　制作逐帧动画。

(1)　新建元件，如图 3-49 所示。

①　按 Ctrl+F8 组合键打开【创建新元件】对话框。

②　设置元件【名称】为 "神秘舞者"，【类型】为【影片剪辑】。

③　单击 确定 按钮进入元件的编辑模式。

(2) 绘制第 1 帧处的人物形状，效果如图 3-50 所示。

① 将默认图层重命名为"舞者"。

② 选中第 1 帧，在舞台上绘制人物形状。

(3) 绘制第 2 帧处的人物形状，效果如图 3-51 所示。

① 选中"舞者"图层的第 2 帧。

② 按 F6 键插入一个关键帧。

③ 调整人物形状。

图3-49　新建元件

图3-50　第 1 帧处的人物形状

图3-51　第 2 帧处的人物形状

 通常情况下，Flash 在舞台中一次显示动画序列的一个帧。为了方便用户定位和编辑逐帧动画，单击时间轴面板上的【绘图纸外观】 按钮可以在舞台中一次查看两个或多个帧。图 3-52 所示播放头下面的帧用全彩色显示，其余的帧用半透明状显示。

只显示第 2 帧

图3-52　使用绘图纸外观功能

(4) 用同样的方法分别调整第 3 帧~第 8 帧处的人物形状，如图 3-53 所示，制作完成后的【时间轴】状态如图 3-54 所示。

第 3 帧

第 4 帧

第 5 帧

第 6 帧

第 7 帧

第 8 帧

图3-53　其他帧的人物形状

图3-54　时间轴状态

(5)　单击 ← 按钮，退出元件编辑模式返回主场景。

(6)　调整"神秘舞者"元件的位置，如图 3-55 所示。

①　单击 按钮新建一个图层。

②　重命名图层为"舞者"。

③　选中"舞者"图层的第 1 帧。

④　将【库】面板中名为"神秘舞者"的元件拖曳到舞台。

⑤　在【属性】面板的【位置和大小】卷展栏中设置【X】为"214.1"，【Y】为"135.9"。

图3-55　调整"神秘舞者"元件的位置

 如果读者尚不能完成人物动作绘制，可执行【文件】/【导入】/【打开外部库】命令，将附盘文件"素材\第 3 章\神秘舞者\人物动作.fla"打开，然后将【外部库】面板中名为"人物动作"的影片剪辑元件拖入并居中到舞台，即可完成人物动作的制作。

3.　制作倒影效果。

(1)　新建图层，如图 3-56 所示。

①　连续单击 按钮新建两个图层。

②　重命名各个图层。

(2)　绘制矩形，如图 3-57 所示。

①　按 R 键启动【矩形】工具。

②　在【颜色】面板中设置【笔触颜色】为"无"，设置【填充颜色】为【线性渐变】。

③　从左至右设置第 1 个色块为"黑色"，第 2 个色块为"白色"且其【Alpha】值为"0%"。

④　在"倒影效果"图层上绘制一个矩形。

⑤　在【属性】面板的【位置和大小】卷展栏中设置【X】为"115"，【Y】为"255"，【宽】为"200"，【高】为"60"。

图3-56　新建图层　　　　　　　　　　　　　　　　图3-57　绘制矩形

(3) 调整渐变颜色，效果如图 3-58 所示。

① 按 F 键启动【渐变变形】工具。

② 调整矩形的填充渐变色为从上到下逐渐变淡。

(4) 制作倒影舞者的效果，如图 3-59 所示。

① 选中"舞者"图层的第 1 帧。

② 按 Ctrl+Alt+C 组合键复制帧。

③ 选中"倒影舞者"图层的第 1 帧。

④ 按 Ctrl+Alt+V 组合键粘贴帧。

⑤ 选中"倒影舞者"图层的"神秘舞者"元件。

⑥ 在【变形】面板中设置【水平倾斜】为"180°"，【垂直倾斜】为"0°"。

图3-58　调整渐变颜色　　　　　　　　　　　图3-59　制作倒影舞者的效果

(5) 调整翻转后的元件使其顶部与矩形的顶部对齐，效果如图 3-60 所示。

(6) 制作遮罩效果，如图 3-61 所示。

① 选中"倒影舞者"图层。

② 单击鼠标右键，在弹出的快捷菜单中选择【遮罩层】命令。

图3-60　调整倒影舞者的位置　　　　　　　　图3-61　制作遮罩效果

4. 按 Ctrl+S 组合键保存影片文件，案例制作完成。

3.3 综合案例

本节将通过两个综合案例总结逐帧动画的制作方法和技巧。

3.3.1 学以致用——书写"一生一世"

本例将利用逐帧动画来制作"一生一世"的动画效果，描摹一个人在笔记本上写"一生一世"4 个字的过程，其制作思路及效果如图 3-62 所示。

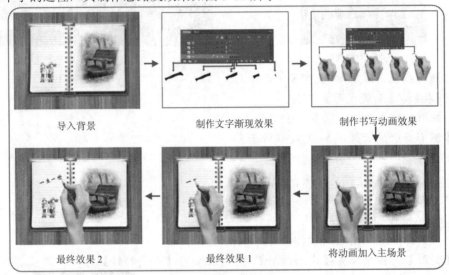

图3-62 制作思路及效果

【操作步骤】

1. 制作背景。

(1) 新建一个 Flash 文档，如图 3-63 所示。

① 设置文档【舞台大小】为"600×440"像素。

② 设置【帧频】为"12"fps，其他文档属性使用默认参数，单击 [确定] 按钮。

(2) 导入舞台背景图片，如图 3-64 所示。

① 将默认的"图层 1"重命名为"背景"。

② 执行【文件】/【导入】/【导入到舞台】命令，将附盘文件"素材\第 3 章\书写"一生一世"\bg.png"导入到舞台，并与舞台居中对齐。

图3-63 设置文档属性

图3-64 导入背景图片

2. 制作"一"字的书写效果。

(1) 新建元件，如图 3-65 所示。

① 执行【插入】/【新建元件】命令，打开【创建新元件】对话框。

② 设置元件【名称】为"文字写作效果"，【类型】为【影片剪辑】。

③ 单击 ▋▋确定▋▋ 按钮进入元件的编辑模式。

(2) 输入文字，如图 3-66 所示。

① 选中默认"图层 1"的第 1 帧。

② 选择【文本】工具 T 。

③ 在舞台上输入文本"一生一世"。

④ 在【字符】卷展栏中设置其【系列】为"华文新魏"，【大小】为"30"磅，【颜色】为"黑色"。

⑤ 调整文字，使其相对舞台居中对齐。

图3-65　新建元件

图3-66　输入文字

(3) 旋转文字。

① 选中文字，按 Ctrl+T 组合键打开【变形】面板。

② 在【旋转】栏中输入"–15"，如图 3-67 所示，按 Enter 键使文本逆时针旋转 15°，旋转效果如图 3-68 所示。

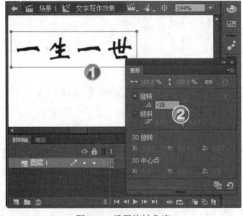

图3-67　设置旋转角度

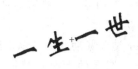

图3-68　旋转后的文字效果

(4) 打散文字。

① 选中文字，按 Ctrl+B 组合键将文本打散，如图 3-69 所示。

② 用鼠标右键单击文本，在弹出的快捷菜单中选择【分散到图层】命令，将 4 个文字分散到不同的图层上，并删除"图层 1"图层，此时的时间轴状态如图 3-70 所示。

图3-69　文本打散后的效果

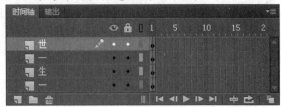

图3-70　时间轴状态

③ 选中最下层"一"图层上的文字，按 Ctrl+B 组合键将文字打散。

(5) 擦除文字

① 选中"一"图层的第 2 帧，按 F6 键插入一个关键帧，选择【橡皮擦】工具，擦除"一"右端的一小部分，效果如图 3-71 所示。

> 要点提示　这里擦除文字的顺序和文字被书写出来的顺序刚好相反，其目的是为了后续翻转帧之后，即可制作出文字被逐渐写出的效果。

② 在"一"图层的第 3 帧插入一个关键帧，继续擦除"一"字右端的一小部分，效果如图 3-72 所示。

③ 重复上面的步骤，直到把文字擦除到很小的一部分，效果如图 3-73 所示。

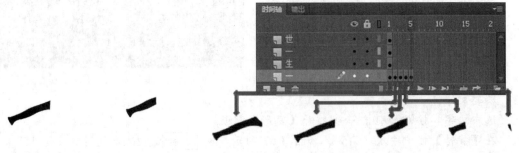

图3-71　第 2 帧的文字　　图3-72　第 3 帧的文字　　　　　　　图3-73　反向擦除文字

> 要点提示　剩下一小部分是方便后面调整笔的位置时确定笔尖的起点。

(6) 制作动画效果。

① 选择"一"图层的关键帧，单击鼠标右键，在弹出的快捷菜单中选择【翻转帧】命令，如图 3-74 所示。

② 按 Enter 键预览动画，可以看到舞台上按从左至右的书写顺序显示出一个"一"字。

③ 在"一"图层的上面新建一个图层并重命名为"手与笔"，执行【文件】/【导入】/【导入到舞台】命令，导入附盘文件"素材\第 3 章\书写"一生一世"\手.png"。

④ 选中舞台中的手图片，调整其【宽】和【高】分别为"160"和"467.7"，并移动其位置使笔尖在"一"字的起始位置，效果如图 3-75 所示。

图3-74 翻转帧

图3-75 导入手图片

⑤ 选中"手与笔"图层的第 2 帧，按 F6 键插入一个关键帧。利用【选择】工具 将"手"图片移动到"一"字显示部分的最右端，效果如图 3-76 所示。

图3-76 移动手图片

⑥ 利用同样的方法逐帧移动"手"图片，直到利用"手"图片模拟写完整个"一"字，如图 3-77 所示。

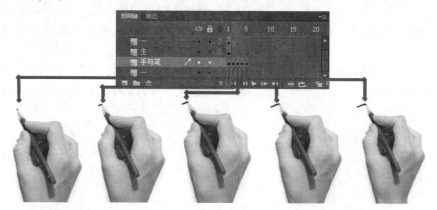

图3-77 逐帧移动笔

3. 制作其他文字的书写效果。

(1) 将"生"图层拖曳到"手与笔"图层的下面，并选择"生"图层的第 1 帧将其拖曳到第 8 帧处，如图 3-78 所示。

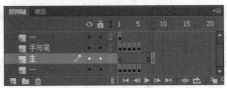

图3-78　调整"生"图层的起始帧

(2) 按 Ctrl+B 组合键将"生"字打散。再用反向擦除的方法，设置"生"图层的第 9 帧、第 10 帧的效果分别如图 3-79 和图 3-80 所示，最后得到如图 3-81 所示的效果。

图3-79　"生"图层的第 9 帧　　　　　　　　　　　　　图3-80　"生"图层的第 10 帧

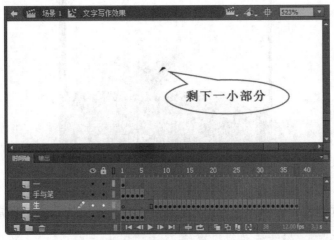

图3-81　最后一帧的效果

(3) 选中"生"图层的所有关键帧，单击鼠标右键，在弹出的快捷菜单中选择【翻转帧】命令。

(4) 在"手与笔"图层的第 8 帧插入关键帧，调整其位置如图 3-82 所示，然后调整第 9 帧的位置如图 3-83 所示，用逐帧移动的方法模拟，将"生"字写完整，最后一帧如图 3-84 所示。

图3-82　第 8 帧的效果　　　　　　　　　　　　　　　图3-83　第 9 帧的效果

图3-84 "生"字的最后一帧

(5) 用同样的方法分别制作"一"图层和"世"图层的书写效果，如图 3-85 和图 3-86 所示。

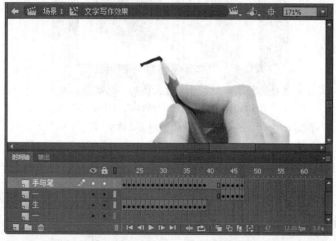

图3-85 制作"一"字的书写效果

图3-86 制作"世"字的书写效果

(6) 分别在各个图层的第 100 帧处按 F5 键插入帧，时间轴状态如图 3-87 所示。

图3-87　【时间轴】状态

(7) 单击【时间轴】上面的 [图标] 场景1 按钮，退出元件编辑模式，返回主场景。

(8) 在"背景"图层上面新建一个图层并将其重命名为"写作效果"，然后将【库】面板中名为"文字写作效果"的影片剪辑元件拖入到舞台，并调整其位置坐标【X】、【Y】分别为"100"和"160"，效果如图3-88所示。

图3-88　调整"文字的写作效果"元件的位置

(9) 保存测试影片，书写"一生一世"文字的效果制作完成。

3.3.2　举一反三——制作"促销广告"

随着网络的飞速发展，网络促销已经成为产品促销的常用手段。本案例将制作一个显示器产品促销的网络动画，从而带领读者进一步学习并掌握逐帧动画的制作方法，操作思路及效果如图 3-89 所示。

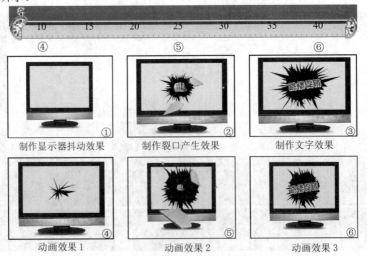

图3-89　操作思路及效果

【操作步骤】

1. 布置场景。

(1) 新建一个 Flash 文档。

(2) 设置文档属性，【舞台大小】为 "800×600" 像素，如图 3-90 所示。

(3) 新建图层，如图 3-91 所示。

① 连续单击 ✦ 按钮新建图层。

② 重命名各图层。

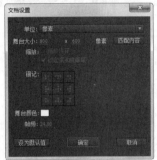

图3-90　设置文档属性

图3-91　新建图层

2. 制作显示器抖动效果。

(1) 导入图片，如图 3-92 所示。

① 选中 "显示器" 图层的第 1 帧。

② 执行【文件】/【导入】/【导入到舞台】命令，打开【导入】对话框。

③ 双击导入附盘文件 "素材\第 3 章\跳楼促销\图片\显示器.jpg" 到舞台。

④ 设置图片的【宽】为 "580"，【高】为 "472.4"，【X】为 "110"，【Y】为 "63.8"。

(2) 将图片转换为元件，如图 3-93 所示。

① 选中场景中的图片，按 F8 键打开【转换为元件】对话框。

② 设置元件的类型和名称。

③ 单击 确定 按钮，完成转换。

图3-92　导入图片

图3-93　将图片转换为元件

(3) 制作抖动效果，如图 3-94 所示。

① 在 "显示器" 图层的第 2 帧处插入一个关键帧，将图片向下移动 12 像素。

② 在第 3 帧处插入一个关键帧，将图片向上和向左移动 6 像素。

③ 在第 4 帧处插入一个关键帧，将图片向上和向右移动 12 像素。

④ 在第 5 帧处插入一个关键帧，将图片向左移动 6 像素。

(4) 复制帧，如图 3-95 所示。

① 复制"显示器"图层的第 1 帧~第 5 帧。

② 分别在第 6 帧、第 15 帧和第 20 帧处粘贴帧。

③ 在第 70 帧处插入一个普通帧。

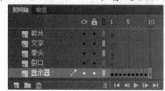

图3-94　制作抖动效果

图3-95　复制帧

3. 制作裂口效果。

(1) 绘制裂口形状 1，效果如图 3-96 所示。

① 在"裂口"图层的第 2 帧处插入一个关键帧。

② 按 P 键启动【钢笔】工具。

③ 在显示器中心位置绘制一个简单的裂口效果，设置【填充颜色】为"黑色"。

④ 将绘制的形状转换为名为"裂口效果 1"的图形元件。

(2) 制作放大效果，如图 3-97 所示。

① 在"裂口"图层的第 3 帧处插入一个关键帧。

② 按 Ctrl + T 组合键打开【变形】面板，设置【变形大小】为"130%"。

③ 在第 4 帧处插入一个关键帧，设置【变形大小】为"160%"。

④ 在第 5 帧处插入一个关键帧，设置【变形大小】为"190%"。

⑤ 在第 10 帧处插入一个关键帧，设置【变形大小】为"400%"。

⑥ 在第 14 帧处插入一个关键帧，设置【变形大小】为"300%"。

⑦ 分别在第 5 帧~第 10 帧和第 10 帧~第 14 帧之间创建传统补间动画。

图3-96　绘制裂口形状 1

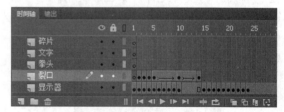

图3-97　制作放大效果

(3) 制作抖动效果，如图 3-98 所示。

① 在"裂口"图层的第 15 帧处插入一个关键帧，将图片向下移动 12 像素。

② 在第 16 帧处插入一个关键帧，将裂口向上和向左移动 6 像素。

③ 在第 17 帧处插入一个关键帧，将裂口向上和向右移动 12 像素。

④ 在第 18 帧处插入一个关键帧，将裂口向左移动 6 像素。

⑤ 在第 19 帧处插入一个关键帧，设置【变形大小】为"450%"。

⑥ 在第 20 帧处插入一个关键帧，设置【变形大小】为"600%"。

(4) 绘制裂口形状 2，效果如图 3-99 所示。

① 在"裂口"图层的第 21 帧处，插入一个空白关键帧。

② 在第 24 帧处插入一个空白关键帧。

③ 按 P 键启动【钢笔】工具。

④ 在显示器中心位置绘制裂口效果 2。

⑤ 将绘制的形状转换为名为"裂口效果 2"的图形元件。

图3-98　制作抖动效果

图3-99　绘制裂口形状 2

(5) 制作放大效果，如图 3-100 所示。

① 在第 28 帧处插入一个关键帧，设置【变形大小】为"240%"。

② 在第 31 帧处插入一个关键帧，设置【变形大小】为"200%"。

③ 分别在第 24 帧～第 28 帧、第 28 帧～第 31 帧之间创建传统补间动画。

(6) 制作抖动效果，如图 3-101 所示。

① 在第 32 帧处插入一个关键帧，设置【变形大小】为"230%"。

② 在第 33 帧处插入一个关键帧，设置【变形大小】为"200%"。

③ 在第 34 帧处插入一个关键帧，设置【变形大小】为"225%"。

④ 在第 35 帧处插入一个关键帧，设置【变形大小】为"200%"。

⑤ 在第 36 帧处插入一个关键帧，设置【变形大小】为"220%"。

⑥ 在第 37 帧处插入一个关键帧，设置【变形大小】为"200%"。

⑦ 在第 38 帧处插入一个关键帧，设置【变形大小】为"215%"。

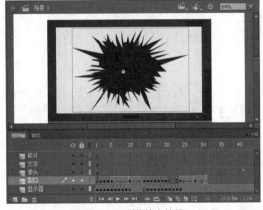

图3-100　制作放大效果

图3-101　制作抖动效果

4. 制作拳头打击效果。

(1) 导入"拳头"图片，效果如图 3-102 所示。

① 在"拳头"图层的第 16 帧处插入一个关键帧。

② 执行【文件】/【导入】/【导入到舞台】命令，打开【导入】对话框。

③ 双击导入附盘文件"素材\第 3 章\跳楼促销\图片\拳头.png"到舞台。

④ 将图片转换为名为"拳头"的图形元件。

⑤ 将元件放置在显示器中心位置。

(2) 制作拳击效果，如图 3-103 所示。

① 按 Ctrl+T 组合键打开【变形】面板，调整第 16 帧处拳头的【变形大小】为"30%"。

② 在第 17 帧处插入一个关键帧，设置【变形大小】为"60%"，【旋转】为"-15°"。

③ 在第 18 帧处插入一个关键帧，设置【变形大小】为"90%"，【旋转】为"-30°"。

④ 在第 19 帧处插入一个关键帧。

⑤ 在第 24 帧处插入一个关键帧，设置【变形大小】为"0%"，【旋转】为"0°"。

⑥ 在第 29 帧处插入一个关键帧。

⑦ 在第 36 帧处插入一个关键帧，调整元件的【Alpha】值为"0%"。

⑧ 分别在第 19 帧~第 24 帧和第 29 帧~第 36 帧之间创建传统补间动画。

图3-102　导入"拳头"图片　　　　　　　　　　图3-103　制作拳击效果

5. 制作文字效果。

(1) 创建文字，如图 3-104 所示。

① 在"文字"图层的第 38 帧处插入一个关键帧。

② 按 T 键启动【文本】工具。

③ 在舞台上输入文字"跳楼促销"。

④ 在【属性】面板的【字符】卷展栏中设置字体（读者可以设置为自己喜欢的字体或者自行购买外部字体库）。将【大小】设为"50"，【颜色】设为"红色"。

(2) 制作文字的描边效果，如图 3-105 所示。

① 在【属性】面板的【滤镜】卷展栏中添加【渐变发光】属性。

② 设置【渐变发光】的参数，【模糊 X】和【模糊 Y】均为"3"像素，【强度】为"30%"，【品质】为【低】，【角度】为"45°"，【距离】为"5 像素"。

③ 在【属性】面板的【滤镜】卷展栏中添加【发光】属性。

④ 设置【发光】的参数，【模糊 X】和【模糊 Y】均为"3"像素，【强度】为"400%"，【品质】为【高】。

⑤ 在【变形】面板中设置【旋转】为"-8°"。

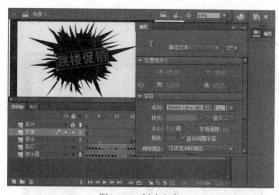
图3-104　创建文字

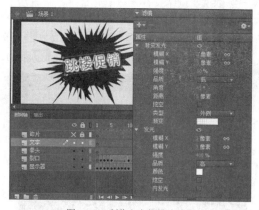
图3-105　制作文字的描边效果

(3)　制作文字抖动效果，如图 3-106 所示。

① 在"裂口"图层的第 70 帧处插入一个普通帧。

② 在"文字"图层的第 39 帧处插入一个关键帧，将文字向下移动 6 像素。

③ 复制"文字"图层的第 38 帧和 39 帧。

④ 分别在第 40 帧、第 42 帧和第 44 帧处粘贴帧。

6.　制作碎片飞出效果，如图 3-107 所示。

① 在"碎片"图层的第 40 帧处插入一个普通帧。

② 在"碎片"图层的第 17 帧处插入一个空白关键帧。

③ 执行【文件】/【导入】/【打开外部库】命令，打开【打开】对话框。

④ 双击附盘文件"素材\第 3 章\跳楼促销\外部库\碎片.fla"。

⑤ 将【外部库】面板中名为"碎片"的图形元件拖入到舞台。

⑥ 在【属性】面板的【位置和大小】卷展栏中设置【X】为"362"，【Y】为"180"。

⑦ 在【属性】面板的【循环】卷展栏中设置【选项】为【播放一次】，【第 1 帧】为"1"。

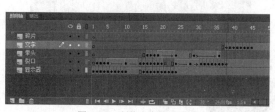
图3-106　制作文字抖动效果

图3-107　制作碎片飞出效果

7.　按 Ctrl+S 组合键保存影片文件，案例制作完成。

3.4　学习辅导——绘图纸功能

绘图纸是帮助定位和编辑动画的辅助功能，此功能对制作逐帧动画特别有用。通常情况下，Flash 在舞台中一次只能显示动画序列的单个帧。使用绘图纸功能后，就可以在舞台中一次查看两个或多个帧。

1. 在舞台上制作一个长方形从左上方移动到右下方的动画，如图 3-108 所示。
2. 在【绘图纸外观】按钮区域单击 按钮，观察舞台上显示的图形，如图 3-109 所示。

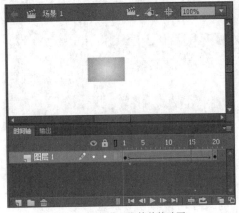

图3-108　制作一段简单的动画　　　　　　　　　　　　图3-109　单击 按钮

> **要点提示**　该功能对逐帧动画很有用，例如在第 5 帧处添加了一个动作，接下来要在第 10 帧处添加一个动作，按下 按钮就可以与第 5 帧进行对比，从而完成绘制操作，如图 3-109 所示。

3. 在【绘图纸外观】按钮区域单击 按钮，观察舞台上显示的图形，如图 3-110 所示。
4. 在【绘图纸外观】按钮区域单击 按钮，可以同时编辑多个帧处的对象的状态，如图 3-111 所示。
5. 在【绘图纸外观】按钮区域单击 按钮，弹出下拉列表，如图 3-112 所示，此列表的具体功能如表 3-5 所示。

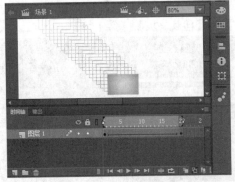

图3-110　单击【绘图纸外观轮廓】按钮　　　　　　　图3-111　单击【编辑多个帧】按钮

图3-112　单击【修改标记】按钮

表 3-5 　　　　　　　　　　　　　**【始终显示标记】中的下拉菜单**

选项	功能
锚定标记	选择该命令后无论播放头指针如何改变，显示的范围都将保持不变
标记范围 2	选择该命令后在当前帧两侧各显示 2 帧
标记范围 5	选择该命令后在当前帧两侧各显示 5 帧
标记所有范围	选择该命令后显示当前帧两侧的所有帧

3.5 习题

1. Flash 中的帧分为哪几类？它们各自的定义是什么？
2. 思考 Flash 中逐帧动画的原理。
3. 元件主要包括哪几种类型？
4. 影片剪辑元件和图形元件有哪些区别？举例说明。
5. 使用逐帧动画制作一个倒计时的动画效果，如图 3-113 所示。

图3-113　倒计时的动画效果

第4章 制作补间形状动画

【学习目标】

- 掌握补间形状动画的制作原理。
- 掌握补间形状动画的创建方法。
- 掌握形状提示的使用方法。
- 掌握使用补间形状动画进行动画制作的技巧。

补间形状动画是 Flash 的重要动画形式,通过在两个关键帧之间创建补间形状动画可以轻松实现两个关键帧之间的图形过渡效果。补间形状动画还有一个非常有用的辅助功能——形状提示,灵活应用这一功能可以制作出优秀的动画作品。本章将对补间形状动画原理作深入地讲解,并配以丰富的案例剖析,从而使读者牢固掌握补间形状动画的制作方法。

4.1 补间形状动画

补间形状动画是动画制作中一种常用的动画制作方法,它可以补间形状的位置、大小和颜色等,使用补间形状可以制作出千变万化的动画效果。

4.1.1 功能讲解——补间形状动画原理

一、 补间形状动画的原理

补间形状动画是指在两个或两个以上的关键帧之间对形状进行补间,从而创建出一个形状随着时间变成另一个形状的动画效果。

补间形状动画可以实现两个矢量图形之间颜色、形状、位置的变化,如图 4-1 所示。

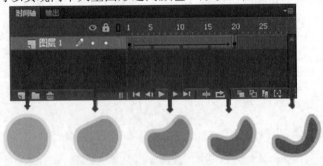

图4-1 补间形状动画原理

 形状补间动画只能对矢量图形进行补间,要对组、实例或位图图像应用补间形状,首先必须分离这些元素。

二、　认识补间形状动画的属性面板

Flash CC 的【属性】面板随选定的对象不同而发生相应的变化。当建立一个补间形状动画后，单击时间轴，其【属性】面板如图 4-2 所示。

在【补间】卷展栏中经常使用的选项介绍如下。

（1）【缓动】参数。

在【缓动】参数栏中输入相应的数值，形状补间动画就会随之发生相应的变化。

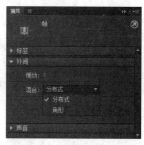

图4-2　【属性】面板

- 其值在－100～0之间时，动画变化的速度从慢到快。
- 其值在0～100之间时，动画变化的速度从快到慢。
- 缓动值为0时，补间帧之间的变化速率是不变的。

（2）【混合】下拉列表。

在【混合】下拉列表中包含【角形】和【分布式】两个选项。

- 【角形】选项是指创建的动画中间形状会保留明显的角和直线，这种模式适合于具有锐化转角和直线的混合形状。
- 【分布式】选项是指创建的动画中间形状比较平滑和不规则。

4.1.2　范例解析——制作"LOGO 设计"

本案例将通过制作一个常见的 LOGO 动画，带领读者初步认识形状变形的使用方法，操作思路及效果如图 4-3 所示。

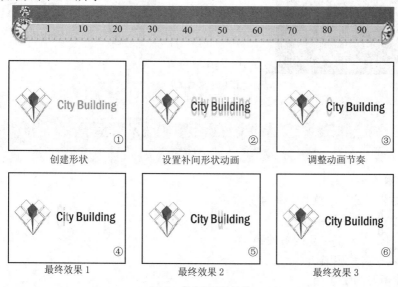

图4-3　操作思路及效果

【操作步骤】

1.　书写文字。

（1）打开制作模板，如图 4-4 所示。

按 Ctrl+O 组合键打开附盘文件"素材\第 4 章\LOGO 设计\LOGO 设计-模板.fla"。在舞台上已放置了 LOGO 标志。

(2) 新建图层，如图 4-5 所示。

① 单击 按钮新建图层。

② 重命名图层。

③ 单击 "文字" 图层的第 1 帧。

图4-4　打开制作模板

图4-5　新建图层

(3) 书写文字，效果如图 4-6 所示。

① 按 T 键启动【文字】工具。

② 设置文字属性（位置和大小不作设置）。

③ 在舞台空白位置单击一点，输入字母 "City Building"。

图4-6　书写文字

④ 锁定 "文字" 图层。

要点提示 在对一个图层完成操作后，应及时将此图层锁定，以免造成误操作。

2. 制作文字变形。

(1) 复制 "文字" 图层，效果如图 4-7 所示。

① 单击 "文字" 图层的第 1 帧。

② 按 Ctrl+Alt+C 组合键复制关键帧。

③ 单击 按钮新建图层。

④ 选择新建图层的第 1 帧。

⑤ 按 Ctrl+Alt+V 组合键粘贴关键帧。

(2) 将文字分散到各图层，如图 4-8 所示。

① 选择舞台上复制所得的文字。

② 按一次 Ctrl+B 组合键分离文字。

③ 在分离所得的文字上单击鼠标右键。

④　在弹出的快捷菜单中选择【分散到图层】命令。

⑤　删除空白"文字"图层。

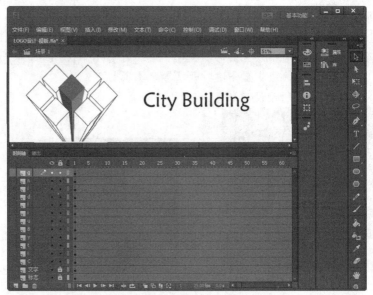

图4-7　复制文字

图4-8　将文字分散到各图层

对一组字符进行一次分离会得到与此组字符对应的单个字符，对单个字符进行一次分离会得到与此字符对应的形状。因此读者在使用 Ctrl+B 组合键对字符进行分离时，一定要注意所按次数。

(3)　制作变形所需形状，如图 4-9 所示。

①　选中图层"C"到图层"g"上的文字。

②　按一次 Ctrl+B 组合键分离文字。

③　设置文字颜色值为"#999999"。

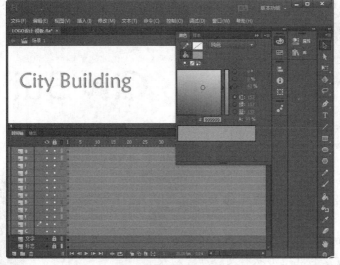

图4-9　制作变形所需形状

(4)　为形状图层添加关键帧，如图 4-10 所示。

① 选中图层 "C" ～图层 "g" 的第 15 帧。

② 按 F6 键添加关键帧。

(5) 制作形状变形。

① 选中图层 "C" ～图层 "g" 的第 15 帧，按 Ctrl+T 组合键打开【变形】面板。

② 按图 4-11 所示设置其形状变形。

③ 按 Alt+Shift+F9 组合键打开【颜色】面板。

④ 按图 4-12 所示设置颜色透明度。

图4-10　为形状图层添加关键帧　　　图4-11　设置形状变形　　　图4-12　设置颜色透明度

> 将字母 "y" "u" 与字母 "n" 的高度调至 "300%" 后发现变形高度与其他不一致，读者可使用【任意变形】工具手动调整。
> 颜色透明度关系到文字拉伸效果的明显程度，读者可以自行调整。

(6) 为形状变形添加补间形状，如图 4-13 所示。

① 在 "C" 图层的两个关键帧之间单击鼠标右键。

② 在弹出的快捷菜单中选择【创建补间形状】命令。

③ 使用相同的方法为其他图层创建补间形状动画。

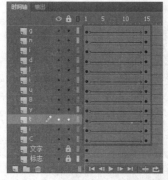

图4-13　为形状变形添加补间形状

3. 调整动画节奏。

(1) 为动画添加缓动效果，如图 4-14 所示。

① 在 "C" 图层的变形区域单击鼠标左键。

② 在【属性】面板中设置缓动值为 "100"。

③ 使用相同的方法为其他形状补间添加缓动效果。

(2) 设置各图层的动画顺序，如图 4-15 所示。

图4-14　为动画添加缓动效果

① 选中 "C" 图层的第 1 帧～第 15 帧。

② 按住鼠标左键将所选区域向后拖动 5 帧。

③ 使用相同的方法将 "i" 图层的补间区域向后移动 10 帧。

④ 将其他图层的补间区域向后移动并逐一累加 5 帧。

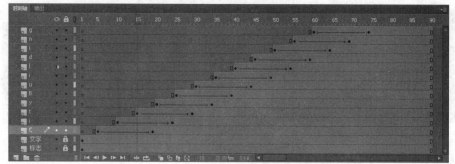

图4-15　设置各图层的动画顺序

要点提示 在添加缓动时，可按住 Ctrl 键同时选中所有的形状补间，在【属性】面板中调节缓动值。

(3) 按 Ctrl+S 组合键保存影片文件，案例制作完成。

4.1.3　提高训练——制作"可爱的宇宙"

本案例将通过制作物体摇摆的动画，带领读者学习形状补间动画的制作技巧，操作思路及效果如图 4-16 所示。

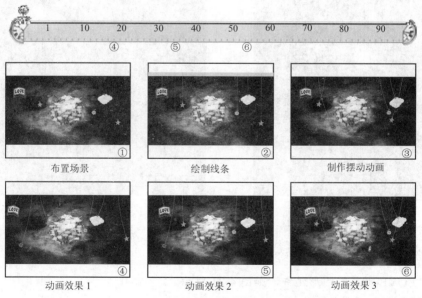

图4-16　操作思路及效果

【操作步骤】

1.　创建动画所需的图形元件。

(1)　打开制作模板，如图 4-17 所示。

(2) 按 Ctrl+O 组合键打开附盘文件 "素材\第 4 章\可爱的宇宙\可爱的宇宙-模板.fla"。在舞台上已放置背景元件。新建图层，如图 4-18 所示。

① 连续单击 按钮新建图层。

② 重命名各个图层。

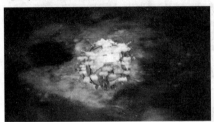

图4-17 打开制作模板

图4-18 新建图层

(3) 布置舞台，如图 4-19 所示。

① 按 Ctrl+L 组合键打开【库】面板。

② 将 "元件" 文件夹中的各元件放置到相应的图层中。

③ 调整各元件在舞台上的位置。

(4) 为 "LOVE" 绘制麻绳，如图 4-20 所示。

① 按 N 键启用【线条】工具。

② 设置线条属性。

③ 单击 "LOVE" 图层的第 1 帧。

④ 绘制线条。

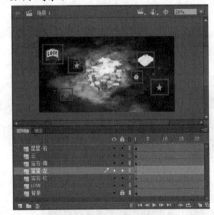

图4-19 布置舞台

图4-20 为 "LOVE" 绘制麻绳

要点提示 绘制线条时请按住 Shift 键，以保证绘制的线条为直线。所绘制的线条应多出背景一小段，并能够与元件（如 LOVE）很好地连接。

(5) 创建 "LOVE-动画" 图形元件，如图 4-21 所示。

① 单击 "LOVE" 图层的第 1 帧。

② 按 F8 键打开【转换为元件】对话框。

③ 设置元件名称及类型。

(6) 为其他元件创建图形元件，如图 4-22 所示。

① 使用相同的方法为舞台上的其他元件创建图形元件。

② 将所有图形元件拖曳到"动画"文件夹中。

图4-21 创建"LOVE-动画"图形元件

图4-22 为其他元件创建图形元件

 各图形元件中都应有且只有一条线段与元件相连，因此在为某个元件绘制线条时，最后选中与此元件对应的图层。

2. 制作"LOVE"元件的摆动动画。

(1) 设置"LOVE-动画"图形元件，如图 4-23 所示。

① 双击舞台上的"LOVE-动画"图形元件进入元件编辑状态。

② 在第 64 帧处插入帧。

③ 单击 ■ 按钮新建图层。

④ 将"麻绳"剪切至新建的图层中。

⑤ 重命名各图层。

⑥ 在两图层的第 17 帧、第 32 帧、第 45 帧和第 64 帧处插入关键帧。

⑦ 移动时间滑块至第 17 帧。

(2) 设置"LOVE"元件的左摆位置，如图 4-24 所示。

① 按 Q 键启用【任意变形】工具。

② 对"LOVE"元件进行移动和旋转操作。

③ 按 V 键启用【选择】工具。

④ 对"麻绳"进行变形操作。

图4-23 设置"LOVE-动画"图形元件

图4-24 设置"LOVE"元件的左摆位置

 在对"麻绳"进行变形操作时，鼠标指针放置在线段的底端，可对底端进行移动；鼠标指针放置在线段的两端之间，可对线段进行弯曲。线段变形前后的长度应尽量一致，使摆动更为可信。

(3) 设置"LOVE"元件的左摆动画，如图 4-25 所示。

① 为"麻绳"图层的第 1 帧～第 17 帧之间添加补间形状动画。

② 为"LOVE"图层的第 1 帧～第 17 帧之间添加传统补间动画。

③ 设置两补间动画缓动值为"100"。

(4) 设置"LOVE"元件的回摆动画，如图 4-26 所示。

① 在两图层的第 19 帧处添加关键帧。

② 为"麻绳"图层的第 19 帧～第 32 帧之间添加补间形状动画。

③ 为"LOVE"图层的第 19 帧～第 32 帧之间添加传统补间动画。

④ 设置两补间动画缓动值为"-100"。

图4-25 设置"LOVE"元件的左摆动画

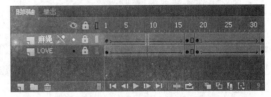

图4-26 设置"LOVE"元件的回摆动画

要点提示 物体向上摆动时，速度会越来越慢，因此需添加"100"的缓动值。在制作动画时，务必多参
考现实世界中同类物品的运动规律，这样做出的动画才更具可信度。动画需要一定的夸张，
但必须符合真实的规律。

(5) 设置"LOVE"元件的右摆位置，如图 4-27 所示。

① 移动时间滑块至第 45 帧。

② 对"LOVE"元件进行移动和旋转操作。

③ 为"LOVE"图层的第 32 帧～第 45 帧之间添加传统补间。

④ 为此补间设置缓动值为"100"。

(6) 设置"麻绳"右摆的预备变形，如图 4-28 所示。

① 在"麻绳"图层的第 33 帧处插入关键帧。

② 对"麻绳"进行变形操作。

图4-27 设置"LOVE"元件的右摆位置

图4-28 设置"麻绳"右摆的预备变形

为"麻绳"设置预备变形是为了使麻绳的右摆变形能顺利完成，若直接以竖直线向右变形，其变形过程会出现错误。当然也可以通过添加"形状提示点"来避免错误的出现，读者可在完成 4.2 节（形状提示点动画）内容的学习后，使用"形状提示点"来制作。

(7) 设置"麻绳"的右摆变形，如图 4-29 所示。

① 移动时间滑块至第 45 帧。

② 对"麻绳"进行变形操作。

③ 为"麻绳"图层的第 33 帧～第 45 帧之间添加补间形状动画。

④ 为此补间设置缓动值为"100"。

(8) 设置"LOVE"元件的回摆动画，如图 4-30 所示。

① 在"麻绳"和"LOVE"图层的第 47 帧处插入关键帧。

② 为"LOVE"图层的第 47 帧～第 64 帧之间添加传统补间动画。

③ 为此补间动画设置缓动值为"-100"。

④ 将"麻绳"图层的第 33 帧粘贴至第 63 帧。

⑤ 用鼠标右键单击"麻绳"图层的第 63 帧。

⑥ 在弹出的快捷菜单中选择【删除补间】命令。

⑦ 为"麻绳"图层的第 47 帧～第 63 帧之间添加补间形状。

⑧ 为此补间动画设置缓动值为"-100"。

图4-29　设置"麻绳"的右摆变形

图4-30　设置"LOVE"元件的回摆动画

在对"麻绳"进行变形时，务必保证其底端与"LOVE"元件的顶端能够很好地连接，这样能使动画更为完美。

读者在制作过程中会发现，上摆使用的时间比下落使用的时间长，这是为了更真实地模拟现实世界的摆动效果，使摆动节奏更为合理。

3. 制作其他元件的摆动动画。

(1) 使用相同的方法为"宝石-红"元件制作摆动动画，如图 4-31 所示。

图4-31　为"宝石-红"元件制作摆动动画

(2) 使用相同的方法为"宝石-黄"元件制作摆动动画，如图 4-32 所示。

图4-32 为"宝石-黄"元件制作摆动动画

(3) 使用相同的方法为"星星-左"元件制作左侧的摆动动画，如图 4-33 所示。

图4-33 为"星星-左"元件制作左侧的摆动动画

(4) 使用相同的方法为"星星-右"元件制作右侧的摆动动画，如图 4-34 所示。

图4-34 为"星星-右"元件制作右侧的摆动动画

(5) 使用相同的方法为"云"元件制作摆动动画，如图 4-35 所示。

图4-35 为"云"元件制作摆动动画

(6) 最终的动画效果如图 4-36 所示。

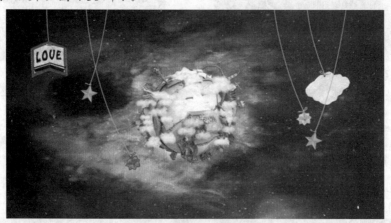

图4-36 最终动画效果

 为使画面更为生动有趣，在为各个元件制作动画时，要根据它们各自"麻绳"的长度来确定摆动频率及幅度。

(7) 按 Ctrl+S 组合键保存影片文件，案例制作完成。

4.2 形状提示动画

当用补间形状动画制作一些较为复杂的变形动画时，常常会使画面变得混乱，根本达不到用户想要的变化过程，这时就需要使用形状提示点来进行控制。

4.2.1 功能讲解——形状提示点原理

复杂的形状变形过程会使软件无法正确识别（以用户想要的效果为基准）形状上的关键点，而形状提示点则可以标记这些关键点，以弥补此缺陷。

如图 4-37 所示，用户需要将"1"右下角过渡到"2"的右上角，这时可使用形状提示点将两个关键点进行对应。

图 4-38 所示为未添加形状提示点的变化过程，经过观察可以清楚地看到形状提示点的功能和原理，即形状提示点用于识别起始形状和结束形状中相对应的点，并用字母 a～z 来区分各自所要对应的关键点。

图4-37　使用形状提示点　　　　　图4-38　未使用形状提示点

4.2.2 范例解析——制作"动物大变身"

在很多动画中，都可以看到一些物体大变身的效果，其原理很简单，本例将使用补间形状动画来制作一个动物大变身的效果，如图 4-39 所示。

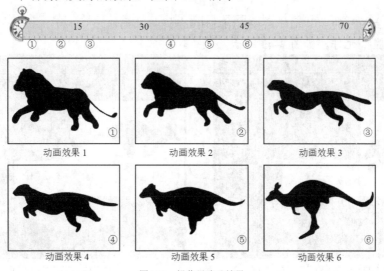

图4-39　操作思路及效果

【操作步骤】

1. 布置场景元素。

(1) 打开制作模板，如图 4-40 所示。

按 Ctrl+O 组合键打开附盘文件 "素材\第 4 章\动物大变身\动物大变身-模板.fla"。本文档的【库】中已提供本案例所需的素材。

(2) 布置 "狮子" 元件，如图 4-41 所示。

① 选中 "图层 1" 的第 1 帧，将【库】面板中名为 "狮子" 的图形元件拖曳到舞台。

② 在【属性】面板的【位置和大小】卷展栏中设置【X】为 "129.95"，【Y】为 "116.45"。

③ 选中舞台上的 "狮子" 元件，按 Ctrl+B 组合键打散元件。

图4-40　打开制作模板

图4-41　布置 "狮子" 元件

(3) 布置 "豹子" 元件，如图 4-42 所示。

① 选中图层 1 的第 15 帧，按 F7 键插入一个空白关键帧。

② 将【库】面板中名为 "豹子" 的图形元件拖曳到舞台。

③ 在【属性】面板的【位置和大小】卷展栏中设置【X】为 "143.65"，【Y】为 "143.5"。

④ 选中舞台上的 "豹子" 元件，按 Ctrl+B 组合键打散元件。

(4) 布置 "袋鼠" 元件，如图 4-43 所示。

图4-42　布置 "豹子" 元件

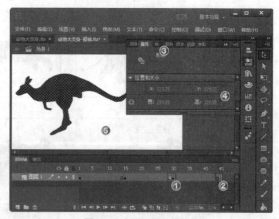

图4-43　布置 "袋鼠" 元件

① 选中图层 1 的第 30 帧，按 F6 键插入关键帧。

② 选中图层 1 的第 45 帧，按 F7 键插入一个空白关键帧。

③ 将【库】面板中名为 "袋鼠" 的图形元件拖曳到舞台。

④ 在【属性】面板的【位置和大小】卷展栏中设置【X】为 "133.25"，【Y】为

"124.55"。

⑤ 选中舞台上的"袋鼠"元件，按 Ctrl+B 组合键打散元件。

(5) 插入帧，如图 4-44 所示。

① 选中图层 1 的第 70 帧。

② 按 F5 键插入一个帧。

图4-44 插入帧

2. 制作形状补间动画。

(1) 在第 1 帧~第 15 帧之间创建补间形状动画，如图 4-45 所示。

① 用鼠标右键单击"图层 1"的第 1 帧。

② 在弹出的快捷菜单中选择【创建补间形状】命令。

(2) 使用同样的方法在第 30 帧~第 45 帧之间创建形状补间动画，最终效果如图 4-46 所示。

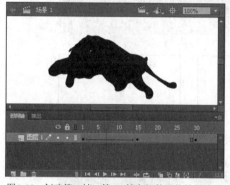

图4-45 创建第 1 帧~第 15 帧之间的形状补间动画

图4-46 创建第 30 帧~第 45 帧之间的形状补间动画

3. 添加形状提示点。

(1) 在第 1 帧~第 15 帧之间添加形状提示点，如图 4-47 所示。

① 选中"图层 1"的第 1 帧。

② 执行【修改】/【形状】/【添加形状提示】命令，添加一个形状提示点。

③ 将提示点拖曳到狮子图形的嘴部。

④ 选中"图层 1"的第 15 帧。

⑤ 将提示点拖曳到豹子图形的嘴部并将提示点变为绿色。

⑥ 使用同样的方法再添加 4 个形状提示点，并分别在第 1 帧~第 15 帧之间调整提示
点的位置。

图4-47 在第 1 帧~第 15 帧之间添加形状提示点

(2)　使用同样的方法在第 30 帧～第 45 帧之间添加形状提示点，最终操作效果如图 4-48 所示。

图4-48　在第 30 帧～第 45 帧之间添加形状提示点

要点提示　按逆时针顺序从形状的左上角开始放置形状提示点，这样的效果最好。添加的形状提示点不应太多，但应将每个形状提示点放置在合适的位置。

(3)　按 Ctrl+S 组合键保存影片文件，案例制作完成。

4.2.3　提高训练——制作"旋转的三棱锥"

本例将使用形状提示点动画来制作一个旋转的三棱锥，操作思路及效果如图 4-49 所示。

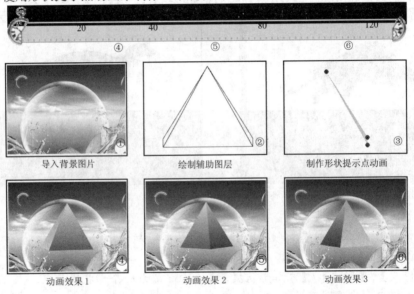

图4-49　操作思路及效果

【操作步骤】

1.　导入背景图片。

(1)　新建一个 Flash 文档。

(2)　设置文档属性，【舞台大小】设置为 "550×400" 像素，如图 4-50 所示。

(3)　新建图层，如图 4-51 所示。

①　连续单击 🗀 按钮新建图层。

②　重命名各图层。

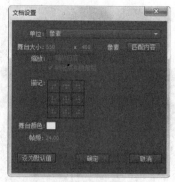

图4-50　设置文档参数

图4-51　新建图层

(4) 导入背景图片，如图 4-52 所示。

① 锁定除"背景"以外的图层。

② 单击"背景"图层的第 1 帧。

③ 执行【文件】/【导入】/【导入到舞台】命令，打开【导入】对话框。

④ 双击附盘文件"素材\第 4 章\旋转的三棱锥\背景.jpg"，将其导入到舞台。

(5) 设置图片的位置，如图 4-53 所示。

① 选中舞台上的"背景.jpg"图片。

② 在【属性】面板的【位置和大小】卷展栏中设置【X】为"0"，【Y】为"0"。

图4-52　导入背景图片

图4-53　设置图片的位置

2.　绘制辅助图层。

(1) 隐藏图层，如图 4-54 所示。

① 隐藏"背景"图层。

② 锁定除"辅助"以外的其他图层。

(2) 设置工具属性，如图 4-55 所示。

① 单击◉按钮启用【多角星形】工具。

② 在【属性】面板的【填充和笔触】卷展栏中设置【笔触颜色】为"黑色"，【填充颜色】为"无"，【笔触】为"1"。

③ 在【工具设置】卷展栏中单击 选项... 按钮，打开【工具设置】对话框。

④ 在【工具设置】对话框中设置【边数】为"3"，单击 确定 按钮。

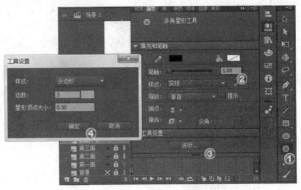

图4-54　隐藏图层　　　　　　　　　　　　　　图4-55　设置工具属性

(3) 绘制三角形，如图 4-56 所示。

① 按住 Shift 键在"辅助"图层上绘制一个三角形。

② 在【属性】面板的【位置和大小】卷展栏中设置【宽】为"242.9"，【高】为"213"，【X】为"153.6"，【Y】为"93.5"。

(4) 绘制其他线条，如图 4-57 所示。

① 按 N 键启用【线条】工具。

② 在三角形右边绘制两条边作为三棱锥的侧边。

图4-56　绘制三角形　　　　　　　　　　　　　图4-57　绘制其他线条

 在绘制侧边两条边时，注意线段需要两两相交，为后面填充图形和对齐图形做好准备。

(5) 复制线条，如图 4-58 所示。

① 选中绘制的两条边。

② 按 Ctrl+T 组合键打开【变形】面板。

③ 单击 🔳 按钮复制两条边。

④ 然后在舞台上单击复制后的两条边，水平移动到三角形的左侧。

(6) 复制粘贴帧，如图 4-59 所示。

① 选中所有图层的第 120 帧，按 F5 键插入帧。

② 选中"辅助"图层的第 1 帧，按 Ctrl+Alt+C 组合键复制第 1 帧。

③ 选择"第一面"图层的第 1 帧，按 Ctrl+Alt+V 组合键粘贴帧。

④　锁定并隐藏"辅助"图层。

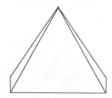

图4-58　复制线条

图4-59　复制粘贴帧

要点提示　在复制当前帧图形前，先检查图形是否都被打散。如果存在没有打散的图形，需要先将图形打散后再进行复制操作，这样才能实现后期操作中分离图形的效果。

3.　制作"第一面"图层上的动画。

(1)　填充颜色，如图 4-60 所示。

①　选择"第一面"图层上的图形，将多余的线条删除，只保留正面三角形的轮廓。

②　按 K 键启用【填充】工具。

③　在【颜色】面板中设置【类型】为【线性渐变】。

④　设置色块颜色并填充三角形。

⑤　按 F 键启用【渐变变形】工具。

⑥　调整渐变形状。

(2)　删除三角形的轮廓，只保留填充区域，最终操作效果如图 4-61 所示。

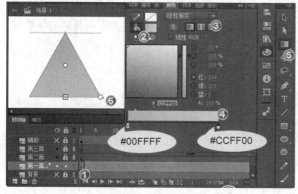

图4-60　填充颜色

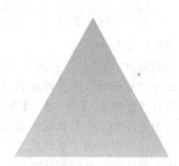

图4-61　删除轮廓线

(3)　插入关键帧，如图 4-62 所示。

①　在"第一面"图层的第 40 帧、第 80 帧、第 120 帧处分别按 F6 键插入关键帧。

②　在第 41 帧处按 F7 键插入一个空白关键帧。

③　取消隐藏"辅助"图层。

图4-62　插入关键帧

(4)　调整各帧处图形的形状，效果如图 4-63 所示。

①　在"第一面"图层中选中第 40 帧处的图形。

② 在舞台上调整图形的形状。

③ 在"第一面"图层中选中第 80 帧处的图形。

④ 在舞台上调整图形的形状。

调整第 40 帧处的图形

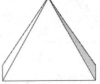
调整第 80 帧处的图形

图4-63　调整各帧处图形的形状

(5) 创建形状补间动画，如图 4-64 所示。

① 隐藏"辅助"图层。

② 分别在"第一面"层中的第 1 帧~第 40 帧、第 80 帧~第 120 帧之间创建形状补间动画。

图4-64　创建形状补间动画

细心的读者应该已经发现，第 1 帧~第 40 帧的变形是符合需要的动画效果，而第 80 帧~第 120 帧的变形是不符合需要的动画效果，这就需要添加形状提示点，让变形的效果达到需要的动画效果。

4. 添加形状提示点。

(1) 添加第 80 帧处的形状提示点，效果如图 4-65 所示。

① 选中"第一面"图层的第 80 帧。

② 执行【修改】/【形状】/【添加形状提示】命令。

③ 为图形添加 3 个形状提示点。

④ 调整 3 个形状提示点的位置。

(2) 添加第 120 帧处的形状提示点，效果如图 4-66 所示。

① 选中第 120 帧。

② 调整 3 个形状提示点的位置。

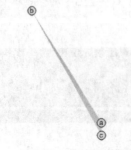
图4-65　添加第 80 帧处的形状提示点

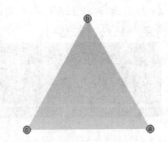
图4-66　添加第 120 帧处的形状提示点

(3) 至此，"第一面"图层上的动画制作完成。

在这里添加形状提示点时，一定要将"b"放到上面的顶点处，这样变形才是动画需要的变形效果。读者可以试一试其他的分布顺序，并观察它们的变形效果有何不同。

(4) 制作"第二面"图层上的动画，方法与"第一面"图层的相似，这里给出相关信息，如图 4-67 所示。

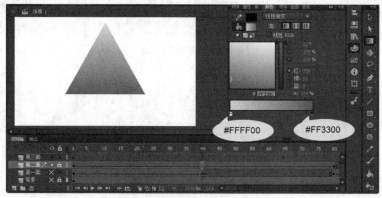

图4-67 "第二面"图层上的相关信息

(5) 制作"第三面"图层上的动画，方法也与"第一面"图层上的相似，这里给出相关信息，如图 4-68 所示。

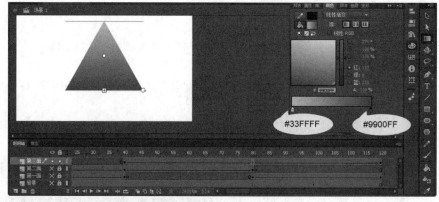

图4-68 "第三面"图层上的相关信息

(6) 按 Ctrl+S 组合键保存影片文件，案例制作完成。

4.3 综合案例

本节将通过两个综合案例来介绍补间形状动画的制作方法和技巧。

4.3.1 学以致用——制作"舌头也摇摆"

本例将利用形状提示点制作一个可爱的卡通蛇吐着舌头的动画，其制作思路及效果如图 4-69 所示。

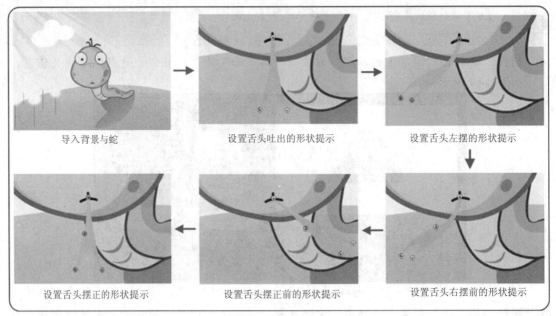

导入背景与蛇　　　　　　　设置舌头吐出的形状提示　　　　　　设置舌头左摆的形状提示

设置舌头摆正的形状提示　　　　　设置舌头摆正前的形状提示　　　　　设置舌头右摆前的形状提示

图4-69 制作思路及效果

【操作步骤】

1.　布置场景。

(1)　打开附盘文件 "素材\第 4 章\制作 "舌头也摇摆" \舌头也摇摆-素材.fla"，【库】面板如图 4-70 所示。

(2)　将默认的 "图层 1" 重命名为 "背景"，在 "背景" 图层之上新建一个图层并重命名为 "蛇"。

(3)　选择 "背景" 图层，将 "背景" 元件拖入场景，与舞台居中对齐，并在 "背景" 图层的第 110 帧处按 F5 键插入帧。

(4)　选择 "蛇" 图层，将 "蛇" 元件拖入场景，并将它的 "身体" 与草地上的阴影对齐，然后锁定 "蛇" 图层和 "背景" 图层。此时的场景效果、时间轴效果如图 4-71 所示。

图4-70　【库】面板

图4-71　场景效果

2.　绘制蛇信子摆动的图形。

(1) 在"蛇"图层之上新建一个图层并重命名为"蛇信子"。

(2) 选择"蛇信子"图层，单击【椭圆】按钮⬭，在【属性】面板中设置【填充颜色】为 "#D9A33E"，【笔触颜色】为"无"，然后绘制一个圆形，并设置其【宽】、 【高】均为"3.3"，将其拖曳至蛇嘴部的位置，如图 4-72 所示。

(3) 在"蛇信子"图层的第 15 帧处按 F6 键插入关键帧，利用【选择】工具 🔍 调整圆的形 状为"蛇信子"吐出后的形状，如图 4-73 所示。

图4-72 绘制圆形

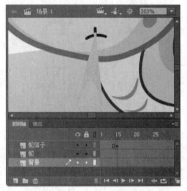

图4-73 "蛇信子"吐出后的形状

 利用【选择】工具 🔍 调整形状时，按住 Ctrl 键并使用鼠标左键进行拖曳，可增加形状的细部控制点，从而调整出蛇信子的形状。

(4) 分别在"蛇信子"图层的第 10 帧、第 16 帧、第 22 帧和第 32 帧处按 F6 键插入关键 帧，在第 22 帧处利用【选择】工具 🔍 调整蛇信子形状为"蛇信子"向左摆动的形 状，如图 4-74 所示。

(5) 在"蛇信子"图层的第 32 帧处，利用【选择】工具 🔍 调整蛇信子形状为"蛇信子"向 右摆动的形状，如图 4-75 所示。

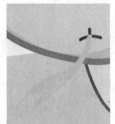

图4-74 "蛇信子"向左摆动

图4-75 "蛇信子"向右摆动

(6) 选择"蛇信子"图层的第 15 帧，按 Ctrl+Alt+C 组合键复制帧，然后选择"蛇信子"图 层的第 50 帧按 Ctrl+Alt+V 组合键粘贴帧。蛇信子吐出并摆动的图形就绘制完成，此时 的时间轴效果如图 4-76 所示。

图4-76 时间轴效果

3.　制作蛇信子摆动的动画。

(1)　分别在"蛇信子"图层的第 10 帧～第 15 帧、第 16 帧～第 22 帧、第 22 帧～第 32
　　帧、第 32 帧～第 50 帧之间创建补间形状动画。

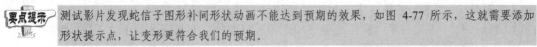

要点提示　测试影片发现蛇信子图形补间形状动画不能达到预期的效果，如图 4-77 所示，这就需要添加
形状提示点，让变形更符合我们的预期。

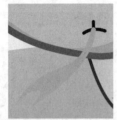
第 22 帧处的形状

第 26 帧处的形状

图4-77　不正确的形状变换

(2)　选择"蛇信子"图层的第 10 帧，执行【修改】/【形状】/【添加形状提示】命令（或
　　按 Ctrl+Alt+H 组合键），为图形添加 1 个形状提示点，其分布如图 4-78 所示。

(3)　选择"蛇信子"图层的第 15 帧，调整形状提示点的分布，如图 4-79 所示。

图4-78　第 10 帧处形状提示点的分布

图4-79　第 15 帧处形状提示点的分布

(4)　利用同样的方法在第 16 帧添加 3 个形状提示点，其分布如图 4-80 所示，然后调整第
　　22 帧处形状提示点的分布，如图 4-81 所示，完成蛇信子向左摆动的动画。

图4-80　第 16 帧处形状提示点的分布

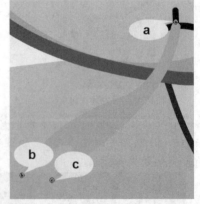

图4-81　第 22 帧处形状提示点的分布

(5)　利用同样的方法在第 22 帧添加 4 个形状提示点，为下一个补间形状做提示，其分布如
　　图 4-82 所示，然后调整第 32 帧处形状提示点的分布，如图 4-83 所示，完成蛇信子向
　　右摆动的动画。

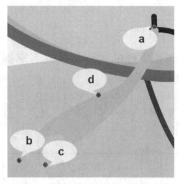
图4-82　第 22 帧处形状提示点的分布

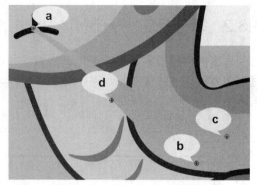
图4-83　第 32 帧处形状提示点的分布

(6)　利用同样的方法在第 32 帧添加 4 个形状提示点，为下一个补间形状做提示，如图 4-84 所示，然后调整第 50 帧处形状提示点的分布，如图 4-85 所示，完成蛇信子摆回的动画。

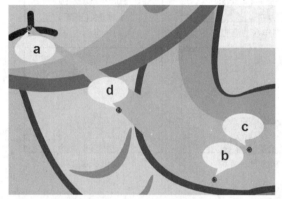
图4-84　第 32 帧处形状提示点的分布

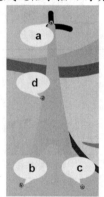
图4-85　第 50 帧处形状提示点的分布

添加形状提示的过程中应该注意以下几点。

1. 增加控制点只能在补间动画的开始帧进行。

2. 控制点用字母表示，最多只有 26 个。

3. 控制点的顺序要符合逻辑。例如，在开始帧的一条直线上按 a、b、c 顺序放置 3 个控制点，在结束帧的相应帧的直线上就不能按a、c、b 顺序放置。

4. 控制点并非设置得越多越好，应该根据实际情况来决定。

(7)　选择第 10 帧～第 15 帧中的任意一帧，在【属性】面板中设置【补间】的【缓动】值为 "-100"，如图 4-86 所示。

图4-86　【属性】面板

(8)　利用同样的方法为第 32 帧～第 50 帧的补间设置【缓动】值为 "100"。

(9)　保存测试影片，一个卡通蛇吐着左右摇摆的舌头的动画制作完成。

4.3.2 举一反三——制作"滋养大地"

本案例将模拟水从杯中流出，渗入干旱的大地而使花草重现的过程，使读者掌握变形动画应用方法，并拓展制作思路，其操作思路及效果如图 4-87 所示。

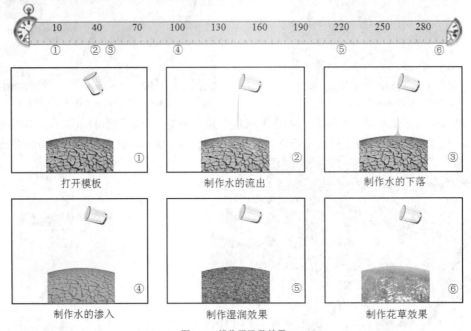

| 打开模板 | 制作水的流出 | 制作水的下落 |
| 制作水的渗入 | 制作湿润效果 | 制作花草效果 |

图4-87 操作思路及效果

【操作步骤】

1. 制作水流动画。

(1) 打开制作模板，如图 4-88 所示。

按 Ctrl+O 组合键打开附盘文件"素材\第 4 章\滋养大地\滋养大地-模板.fla"。在舞台上已放置背景元件和水杯元件。

(2) 制作"水杯"的倾斜动画，如图 4-89 所示。

图4-88 打开制作模板

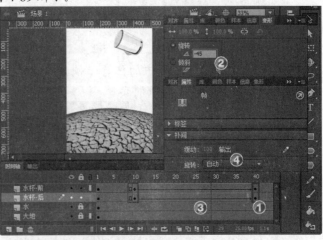

图4-89 制作"水杯"的倾斜动画

① 选中"水杯-前"图层与"水杯-后"图层的第 10 帧和第 40 帧，按 F6 键添加关键帧。

② 移动时间滑块至第 40 帧，同时选中两图层中的元件，在【变形】面板中设置【旋转】角度为"-45"。

③ 为两图层的第 10 帧～第 40 帧之间添加传统补间动画。

④ 在【属性】面板的【补间】卷展栏为两传统补间动画设置【缓动】值为"100"。

(3) 配合"水杯"的运动对"水"形状进行变形操作，如图 4-90 所示。

图4-90　制作水的倾出动画

在"水"图层中制作的是水的变形动画，因此采用的补间类型为"补间形状"，其他图层中采用的补间类型都是"传统补间"。

在制作补间形状动画时，务必一步一步地进行。以制作水的倾出为例，要先确定第 15 帧的形状，再确定第 26 帧的形状，依次操作。不可先将第 40 帧的形状确立后，再确定中间几帧的形状。

读者在对形状进行变形时，切忌过多的操作，不要让形状变得复杂，要用尽量少的变形制作出尽量简单的形状。

补间形状动画的制作存在许多不确定因素，需要灵活运用。读者在制作水的倾出动画时，可能会得到与图中不尽相同的时间轴效果，请不必担心，只要按照规律制作出正确的动画即可。

(4) 制作水的流出动画，如图 4-91 所示。

图4-91　制作水的流出动画

① 单击"水"图层的第 41 帧。

② 按 F6 键添加关键帧。

③ 按 V 键启用【选择】工具。

④ 对"水"进行变形操作。

> **要点提示** 在进行变形操作时，必须将水杯中的"水"与下落中的"水"断开，以便后面单独对流出的"水"进行变形操作。

(5) 创建"水-下落"图层，如图 4-92 所示。

① 选中"水"图层。

② 单击 按钮新建图层。

③ 重命名图层为"水-下落"。

④ 在"水-下落"图层的第 41 帧处添加关键帧。

(6) 为"水-下落"图层添加形状，如图 4-93 所示。

① 选中下落部分的"水"。

② 按 Ctrl+X 组合键剪切。

③ 单击"水-下落"图层的第 41 帧。

④ 按 Ctrl+Shift+V 组合键粘贴至当前位置。

⑤ 关闭"水"图层的可视性可观察到粘贴结果。

⑥ 打开"水"图层的可视性。

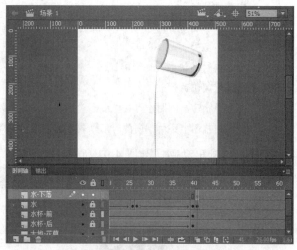

图4-92　创建"水-下落"图层　　　　　　　　　　图4-93　为"水-下落"图层添加形状

> **要点提示** 若要对单个形状创建补间形状动画，最好将此形状置于一个单独的图层中，否则在变形过程中会有出错的可能。

(7) 配合"水杯"的运动对"水"形状进行变形操作，如图 4-94 所示。

> **要点提示** 在制作本段变形动画时，尽量减少对形状上部进行操作，可先将"水滴"向下移动至合适位置，再从形状的下部开始变形，制作出需要的形状。

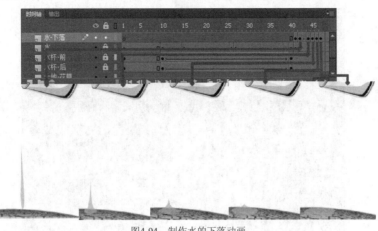

图4-94　制作水的下落动画

(8) 制作水的扩散动画，如图 4-95 所示。

① 在"水-下落"图层的第 85 帧处添加关键帧。

② 对"水"进行变形操作。

③ 在"水-下落"图层的第 47 帧～第 85 帧之间添加补间形状动画。

(9) 制作水的渗入动画，如图 4-96 所示。

① 在"水-下落"图层的第 100 帧处添加关键帧。

② 单击"水-下落"图层的第 150 帧。

③ 选中"水"形状。

④ 在【颜色】面板中设置【Alpha】值为"0"。

⑤ 在"水-下落"图层的第 100 帧～第 150 帧之间添加补间形状动画。

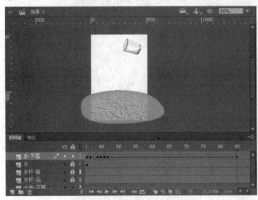 

图4-95　制作水的扩散动画　　　　　　　　　　　图4-96　制作水的渗入动画

2. 制作大地的绿化。

(1) 创建"大地-湿润"图层，如图 4-97 所示。

① 选中"大地"图层。

② 单击 ⬚ 按钮新建图层，重命名图层为"大地-湿润"。

③ 在"大地-湿润"图层的第 180 帧处添加关键帧，将【库】面板"元件"文件夹中的"大地-湿润"元件拖曳到舞台。

④ 在【属性】面板的【位置和大小】卷展栏中设置【X】为"-0.55"，【Y】为"488.9"。

图4-97　创建"大地-湿润"图层

(2)　制作大地湿润过程，如图 4-98 所示。

①　为"大地-湿润"图层的第 230 帧处添加关键帧。

②　单击"大地-湿润"图层的第 180 帧，选中"大地-湿润"元件。

③　在【属性】面板的【色彩效果】卷展栏中设置【样式】为【Alpha】，【Alpha】值为 "0"。

④　为"大地-湿润"图层的第 180 帧～第 230 帧之间添加传统补间动画。

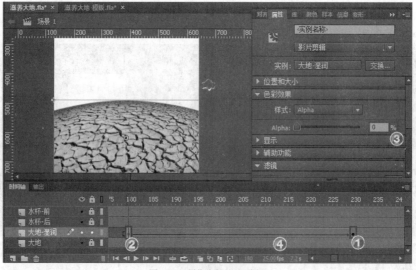

图4-98　制作大地湿润过程

(3)　创建"大地-花草"图层，如图 4-99 所示。

①　选中"大地-湿润"图层。

②　单击 按钮新建图层，重命名图层为"大地-花草"。

③　为"大地-花草"图层的第 260 帧处添加关键帧，将【库】面板"元件"文件夹中的 "大地-花草"元件拖曳至舞台。

④　在【属性】面板的【位置和大小】卷展栏中设置【X】为"–0.45"，【Y】为"480"。

图4-99　创建"大地-花草"图层

(4) 制作大地绿化过程，如图 4-100 所示。

① 为"大地-花草"图层的第 310 帧处添加关键帧。

② 单击"大地-花草"图层的第 260 帧，选中"大地-花草"元件。

③ 在【属性】面板的【色彩效果】卷展栏中设置【样式】为【Alpha】，【Alpha】值为 "0"。

④ 为"大地-湿润"图层的第 260 帧 ~ 第 310 帧之间添加传统补间动画。

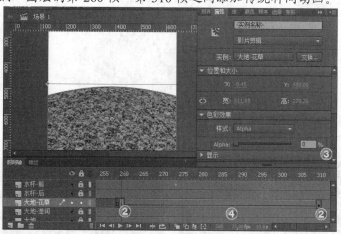

图4-100　制作大地绿化过程

(5) 按 Ctrl+S 组合键保存影片文件，案例制作完成。

4.4　学习辅导——形状提示点的应用技巧

读者在使用形状提示点制作动画时，一定会遇到许多问题，也许您认为这是软件的缺陷，但事实上形状提示点在使用过程中有许多技巧，掌握这些技巧可以避免出现许多问题，让动画制作更得心应手。

形状提示点的应用技巧如下。

(1) 形状提示点的添加并不是越多越好，假若 2 个提示点够用，请不要添加第 3 个。

121

(2)　形状提示点需放置在形状的关键部位，也就是说，要事先想好形变过程，清楚关键点的对应位置。

　　(3)　在复杂的补间形状中，需要创建中间形状然后进行补间，而不要只定义起始和结束的形状。

　　(4)　确保形状提示点是符合逻辑的。

　　例如，如果在一个三角形中使用 3 个形状提示点，则在原始三角形和要补间的三角形中它们的顺序必须相同。其顺序不能在第一个关键帧中是 abc，而在第二个关键帧中是 acb。

　　(5)　按逆时针顺序从形状的左上角开始放置形状提示点，它们的工作效果最好。

　　(6)　除了为关键点添加形状提示点外，适当地为形状边缘添加提示点有时会得到意想不到的效果。

> **要点提示**　形状提示点的使用效果与形状本身存在很大关系，用于变形的形状需尽量简单，绘制形状时，点的安排要尽量规则。

4.5　习题

1.　形状补间动画的主要应用对象是什么？
2.　应用形状补间动画时，如果产生的效果与预期的效果不一致，应该采取哪种措施？
3.　应用形状补间动画应该注意哪几点？
4.　使用补间形状动画制作图 4-101 所示的变心效果。

图4-101　变心效果

5.　使用形状补间动画制作一个简单的雨滴效果，如图 4-102 所示。

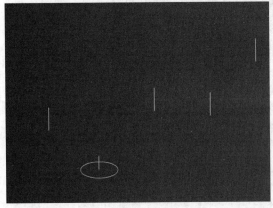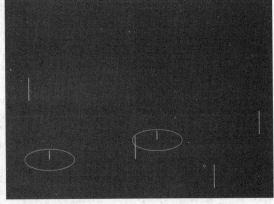

图4-102　雨滴效果

第5章 制作传统补间动画和补间动画

【学习目标】

- 掌握传统补间动画的原理和创建方法。
- 掌握补间动画的特点和创建方法。
- 掌握传统补间动画和补间动画的制作技巧。

传统补间动画是 Flash 的重要动画形式之一，通过在两个关键帧之间创建传统补间动画，可以轻松实现两元件的动画过渡效果。而补间动画则可以自动为用户将变更结果记录为关键帧，且只对变更的属性记录关键帧，而对未变更的属性不作记录。

5.1 传统补间动画

传统补间在 Flash 动画应用中比较广泛，如果运用恰当，传统补间动画就可以制作出各种漂亮的动画效果。本任务将从传统补间动画的原理开始讲解，然后搭配相关的案例向读者讲述传统补间动画的制作过程。

5.1.1 功能讲解——传统补间动画原理

传统补间动画是指在两个或两个以上的关键帧之间对元件进行补间的动画，使一个元件随着时间变化其颜色、位置、旋转等属性，如图 5-1 所示。

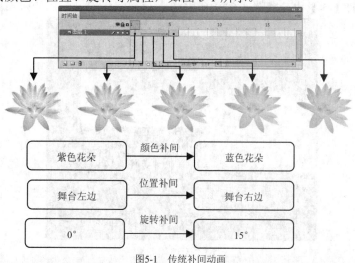

图5-1 传统补间动画

 传统补间动画只能对元件的对象进行补间。对非元件的对象进行传统补间动画时，软件将自动将其转化为元件。

5.1.2　范例解析——制作"庆祝生日快乐"

本案例将使用传统补间动画来制作一个庆祝生日的贺卡，操作思路及效果如图 5-2 所示。

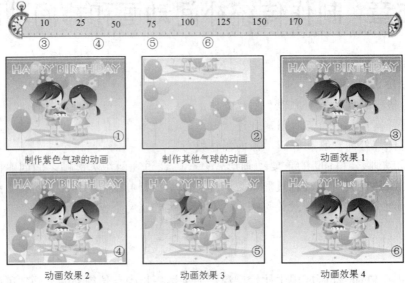

图5-2　操作思路及效果

【操作步骤】

1.　制作紫色气球的动画。

(1)　打开制作模板，如图 5-3 所示。

按 Ctrl+O 组合键打开附盘文件"素材\第 5 章\庆祝生日快乐\庆祝生日快乐-模板.fla"。在文档中的时间轴上已经创建一个"背景"图层，图层上的元素已经设置完成。本文档的【库】中已提供本案例所需的素材。

图5-3　打开制作模板

(2)　新建图层，如图 5-4 所示。

①　连续单击 按钮新建 12 个图层。

②　重命名各图层。

③ 锁定除"紫色"以外的图层。

④ 选中"紫色"图层的第 1 帧。

(3) 设置第 1 帧处紫色气球的效果，如图 5-5 所示。

① 将【库】面板中名为"紫色"的影片剪辑元件拖曳到舞台。

② 在【属性】面板的【位置和大小】卷展栏中设置【X】为"−2.25"，【Y】"283.95"，【宽】为"93.6"，【高】为"218.3"。

③ 在【色彩效果】卷展栏中设置【样式】为【Alpha】，【Alpha】值为"80%"。

图5-4　新建图层

图5-5　设置第 1 帧处紫色气球的效果

(4) 设置紫色气球的补间效果，如图 5-6 所示。

① 选中"紫色"图层的第 150 帧，按 F6 键插入关键帧。

② 在舞台上选中"紫色"元件。

③ 在【属性】面板的【位置和大小】卷展栏中设置【X】为"182.8"，【Y】为"−232.5"。

④ 在第 1 帧～第 150 帧之间的任意一帧上单击鼠标右键，在弹出的快捷菜单中选择【创建传统补间】命令。

图5-6　设置紫色气球的补间效果

(5) 预览动画效果，在时间轴上按 Enter 键播放动画，可以观察气球上升的动画效果，如图 5-7 所示。

图5-7 预览动画效果

> **要点提示** 气球绳子的摆动效果在元件中已经制作完成，有兴趣的读者可以亲自尝试一下。

2. 制作其他气球元件的动画效果。

(1) 布置第 1 帧处的舞台效果，如图 5-8 所示。

① 锁定"背景"和"紫色"图层，其他图层取消锁定。

② 分别将【库】面板中的气球元件拖曳到各个图层。

③ 在【属性】面板的【位置和大小】卷展栏中设置各个气球元件的大小。

④ 在【色彩效果】卷展栏中设置【样式】为【Alpha】，【Alpha】值为"80%"。

⑤ 在舞台上布置各个气球的位置到舞台下方。

(2) 布置第 150 帧处的舞台效果，如图 5-9 所示。

① 在"粉红"图层～"紫色 1"图层的第 150 帧处插入关键帧。

② 在舞台上布置各个气球的位置到舞台上方。

> **要点提示** 布置舞台时，为了顺利创建传统动画，每个图层只能放一个气球元件。例如，将一个"黄色"气球元件放置到"黄色"图层上，依次类推。如果一个图层放置两个或两个以上的元件，动画将创建失败。

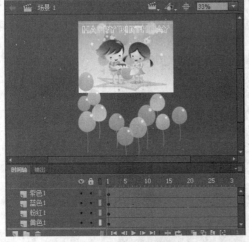

图5-8 布置第 1 帧处的舞台效果

图5-9 布置第 150 帧处的舞台效果

(3) 创建传统补间动画，如图 5-10 所示。

① 同时选中各图层的第 1 帧～第 150 帧中的任意一帧，单击鼠标右键。

② 在弹出的快捷菜单中选择【创建传统补间】命令。

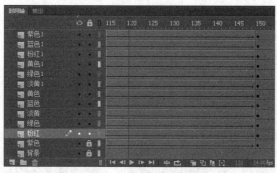

图5-10 创建传统补间动画

3. 按 Ctrl+S 组合键保存影片文件，案例制作完成。

5.1.3 提高训练——制作"美丽神话"

本案例将使用传统补间动画来制作一个梦幻的神话效果，操作思路及效果如图5-11所示。

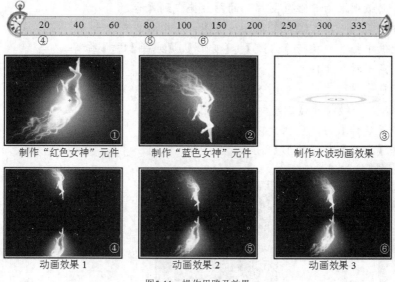

图5-11 操作思路及效果

【操作步骤】

1. 制作"红色女神"元件。

(1) 打开制作模板，如图5-12所示。

　　按 Ctrl+O 组合键打开附盘文件"素材\第5章\美丽神话\美丽神话-模板.fla"。在文档中的时间轴上已经创建4个图层，各图层上的元素已经设置完成。本文档的【库】中已提供本案例所需的素材。

(2) 创建"红色神女"元件，如图5-13所示。

① 按 Ctrl+F8 组合键打开【创建新元件】对话框。

② 设置元件【名称】为"红色女神"。

③ 设置元件【类型】为【图形】。

④ 单击 确定 按钮进入元件编辑界面。

127

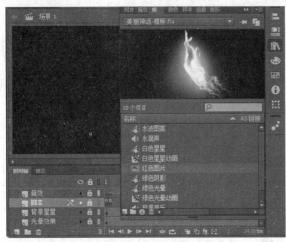

图5-12　打开制作模板

图5-13　创建"红色女神"元件

（3）设置元件内容，如图 5-14 所示。

① 将【库】面板中名为"红色图片"的图片拖曳到舞台。

② 在【对齐】面板上单击 和 按钮，使图片居中对齐到舞台。

③ 在舞台上选中图片，执行【修改】/【变形】/【水平翻转】命令。

2．制作"蓝色女神"元件。

（1）创建"蓝色女神"元件，如图 5-15 所示。

① 按 Ctrl + F8 组合键打开【创建新元件】对话框。

② 设置元件【名称】为"蓝色女神"。

③ 设置元件【类型】为【图形】。

④ 单击 确定 按钮进入元件编辑界面。

图5-14　设置元件内容

图5-15　创建"蓝色女神"元件

（2）设置元件内容，如图 5-16 所示。

① 将【库】面板中名为"蓝色图片"的图片拖曳到舞台。

② 在【对齐】面板上单击 按钮和 按钮，使图片居中对齐到舞台。

3．制作水波动画效果。

（1）创建"水波动画"元件，如图 5-17 所示。

① 按 Ctrl + F8 组合键打开【创建新元件】对话框。

② 设置元件【名称】为"水波动画"。

③ 设置元件【类型】为【影片剪辑】。

④ 单击 确定 按钮进入元件编辑界面。

图5-16 设置元件内容

图5-17 创建"水波动画"元件

(2) 制作"图层1"的动画，如图5-18所示。

① 将【库】面板中名为"水波图案"的图形元件拖曳到舞台，并居中对齐到舞台。

② 选中"图层1"图层的第80帧，按 F5 键插入帧。

③ 分别在第37帧和第27帧处按 F6 键插入关键帧。

④ 在第1帧处设置【变形】为"5%"。

⑤ 在第27帧处设置【变形】为"83.1%"。

⑥ 在第27帧处设置【Alpha】值为"18%"。

⑦ 在第37帧处设置【Alpha】值为"0%"。

⑧ 分别在第1帧和第27帧及第27帧~第37帧之间创建传统补间动画。

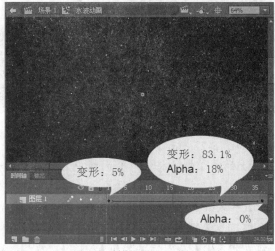

图5-18 制作"图层1"的动画

(3) 设置"图层2""图层3""图层4"上的动画，如图5-19所示。

① 在图层1上面创建4个图层，分别为"图层2""图层3""图层4"和"音效"层。

② 按住 Shift 键的同时选择图层 1 上的所有的关键帧，按 Ctrl+Alt+C 组合键复制关键帧。

③ 在 "图层 2" 图层的第 17 帧处，按 Ctrl+Alt+V 组合键粘贴关键帧。

④ 在 "图层 3" 图层的第 29 帧处，按 Ctrl+Alt+V 组合键粘贴关键帧。

⑤ 在 "图层 4" 图层的第 44 帧处，按 Ctrl+Alt+V 组合键粘贴关键帧。

⑥ 删除第 80 帧后的多余帧。

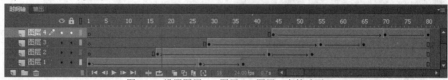

图5-19　设置图层 2、图层 3、图层 4 上的动画

(4) 添加音效，如图 5-20 所示。

① 选中 "音效" 图层上的第 44 帧，按 F7 键插入一个空白关键帧。

② 选中 "音效" 图层上的第 1 帧。

③ 在【属性】面板的【声音】卷展栏中设置【名称】为【水滴声】，设置【同步】为【数据流】。

4. 制作场景中的动画。

(1) 新建图层，如图 5-21 所示。

① 返回主场景。

② 连续单击 按钮新建图层。

③ 重命名各图层。

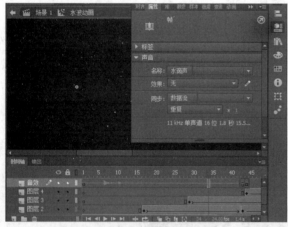

图5-20　添加音效

图5-21　新建图层

(2) 设置蓝色女神的动画，如图 5-22 所示。

① 选中 "蓝色女神" 图层上的第 1 帧，将【库】面板中名为 "蓝色女神" 的图形元件拖曳到舞台。

② 在【属性】面板的【位置和大小】卷展栏中设置【X】为 "379.1"，【Y】为 "66.95"。

③ 选中第 134 帧，按 F6 键插入关键帧。

④ 在【属性】面板的【位置和大小】卷展栏中设置【X】为 "379.1"，【Y】为 "170.2"。

⑤ 在第 1 帧～第 134 帧之间创建传统补间动画。

(3) 设置红色女神的动画，如图 5-23 所示。

① 选中"红色女神"图层的第 1 帧，将【库】面板中名为"红色女神"的图形元件拖曳到舞台。

② 在【属性】面板的【位置和大小】卷展栏中设置【X】为"372.5"，【Y】为"561.5"。

③ 选中第 134 帧，按 F6 键插入关键帧。

④ 在【属性】面板的【位置和大小】卷展栏中设置【X】为"372.5"，【Y】为"449.4"。

④ 在第 1 帧～第 134 帧之间创建传统补间动画。

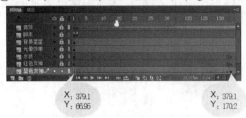

图5-22 设置蓝色女神的动画

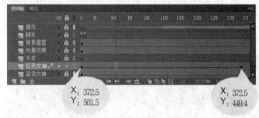

图5-23 设置红色女神的动画

(4) 设置主场景中的水波动画，如图 5-24 所示。

① 选中"水波"图层的第 136 帧，按 F6 键插入关键帧。

② 将【库】面板中名为"水波动画"的影片剪辑元件拖曳到舞台。

③ 在【属性】面板的【位置和大小】卷展栏中设置【X】为"400"，【Y】为"302.35"。

④ 在【色彩效果】卷展栏中设置【样式】为【高级】，【xR+】为"51"，【xG+】为"204"，【xB+】为"255"。

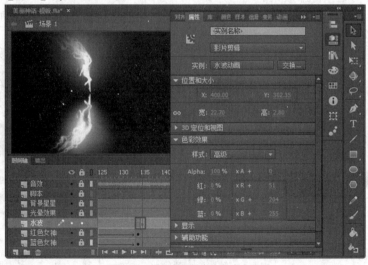

图5-24 设置主场景中的水波动画

(5) 按 Ctrl+S 组合键保存影片文件，案例制作完成。

5.2 制作补间动画

补间动画区别于其他补间的一大特点是：可以应用 3D 工具实现三维动画效果。补间动画可为元件（或文本字段）创建运动轨迹，也可为元件的运动增加许多丰富的细节。

5.2.1 功能讲解——补间动画原理

一、 补间动画的原理

如图 5-25 所示，将播放头移至第 20 帧，而后将小球从右侧移动至左侧，第 20 帧处会产生关键帧，用于记录小球在左侧的位置。选中舞台上的小球，可以查看小球运动的轨迹线，使用【选择】工具可对轨迹线进行调整，如图 5-25 右图所示，这样小球就会从右侧沿弧线运动到左侧。

时间轴效果

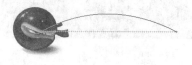

第 20 帧位置　　　　　　　　第 1 帧位置

运动效果

图5-25　补间动画的原理

二、 认识 3D 工具

3D 工具用于模拟三维空间效果，只能应用于补间动画，只能对影片剪辑元件及文本字段进行操作。

3D 工具包含【3D 旋转】工具和【3D 移动】工具，两者配合使用可营造出较为逼真的三维空间感，方便制作特殊效果的动画，如图 5-26 所示。

3D 工具拥有自身独特的属性，在【属性】面板中有"位置坐标""透视角度"及"消失点"参数的设置选项，如图 5-27 所示。

图5-26　认识 3D 工具

图5-27　【属性】面板

 "透视角度"和"消失点"用于定义摄像机的属性，对某个元件作 3D 平移和旋转后，用户可尝试更改这些参数，体会其具体作用。

5.2.2 范例解析——制作"尊贵跑车"

补间动画可以运用 3D 工具，这也是它区别于其他补间形式的最大特征。本案例通过制作图片在三维空间中的运动，带领读者初步掌握补间动画及 3D 工具的运用方法，操作思路及效果如图 5-28 所示。

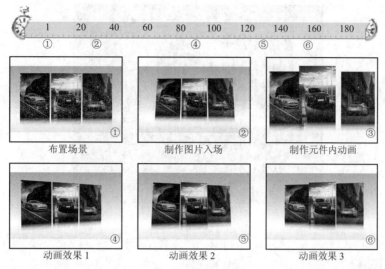

| 布置场景 ① | 制作图片入场 ② | 制作元件内动画 ③ |
| 动画效果1 ④ | 动画效果2 ⑤ | 动画效果3 ⑥ |

图5-28 操作思路及效果

【操作步骤】

1. 设置图片入场。

(1) 打开制作模板，如图 5-29 所示。

按 Ctrl+O 组合键打开附盘文件"素材\第 5 章\尊贵跑车\尊贵跑车-模板.fla"。在舞台上已放置背景图形。

(2) 新建图层，如图 5-30 所示。

① 单击 🗋 按钮新建图层。

② 重命名图层。

图5-29 打开制作模板

图5-30 新建图层

(3) 布置舞台，如图 5-31 所示。

① 按 Ctrl+L 组合键打开【库】面板，将"元件"文件夹中的"集合"元件放置到"集合"图层中。

② 调整元件与舞台居中对齐。

③ 按 Q 键启用【任意变形】工具。

④ 选中"集合"元件，移动元件轴心点。

图5-31　布置舞台

【对齐】工具十分实用，灵活运用对齐工具可以极大提高效率，读者可以按 Ctrl+K 组合键打开【对齐】面板。轴心点定义元件的 3D 旋转轴心，与旋转效果息息相关。

(4)　创建补间动画，如图 5-32 所示。

①　用鼠标右键单击"集合"图层的时间轴区域。

②　在弹出的快捷菜单中选择【创建补间动画】命令。

(5)　为全属性创建关键帧，如图 5-33 所示。

①　按住 Ctrl 键单击"集合"图层的第 15 帧。

②　按 F6 键插入关键帧。

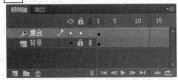

图5-32　创建补间动画

图5-33　为全属性创建关键帧

移动时间滑块到某一帧，然后更改元件的某一属性，则产生的关键帧只记录这一属性。选择某一帧后，按 F6 键插入关键帧，则产生的关键帧会记录此元件的所有属性。这两者之间的区别很大，若在第 10 帧处记录 A 属性，在第 20 帧处记录 B 属性，在第 30 帧处记录 A 属性，在第 40 帧处记录 B 属性，则 A 属性的变换会从第 10 帧开始，至第 30 帧结束，B 属性的变换从第 20 帧开始，至第 40 帧结束。

2.　制作 3D 动画。

(1)　拆分动画，如图 5-34 所示。

①　按住 Ctrl 键单击"集合"图层的第 16 帧。

②　用鼠标右键单击选中的帧。

③　在弹出的快捷菜单中选择【拆分动画】命令。

(2)　3D 旋转元件，如图 5-35 所示。

①　移动时间滑块至第 30 帧。

②　选中"集合"元件。

③　按 W 键启用【3D 旋转】工具。

④　按 D 键取消全局转换。

⑤ 将鼠标指针移至红色轴线。

⑥ 按住鼠标左键左右拖动实现 3D 旋转效果。

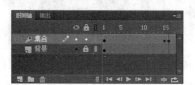

图5-34 拆分动画

图5-35 3D 旋转元件

 取消全局转换后，用户会进入局部转换状态。这两者的区别在于：在局部转换状态下，【3D 旋转】工具的轴会与元件一起旋转，【3D】移动工具的轴也会被旋转至一定角度。而在全局转换状态下，3D 工具的轴始终与屏幕平行。

【3D 旋转】工具有 x、y、z 及全向 4 个轴向，可以控制对象绕不同轴向旋转。

(3) 在【属性】面板的【3D 定位和视图】卷展栏中设置【Z】为 "97"，如图 5-36 所示。

(4) 设置元件的 3D 动画，如图 5-37 所示。

① 移动时间滑块至第 60 帧。

② 选中 "集合" 元件。

③ 按 W 键启用【3D 旋转】工具。

④ 旋转元件操作。

⑤ 在第 61 帧处拆分动画。

图5-36 设置 3D 定位值

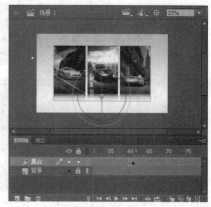

图5-37 设置元件的 3D 动画

 元件的 3D 移动操作可通过【3D 移动】工具完成，也可直接在【属性】面板输入变换数值。

(5) 设置缓动，如图 5-38 所示。

① 单击第 16 帧～第 60 帧之间的任意帧。

② 在【属性】面板的【缓动】卷展栏中设置【缓动】值为 "−30"。

(6) 使用相同的方法为其他帧设置动画，如图 5-39 所示。

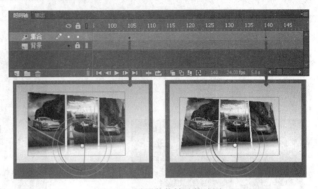

图5-38 设置缓动　　　　　　　　　　图5-39 设置其他帧处的动画

(7) 复制属性，如图 5-40 所示。

① 按住 Ctrl 键单击"集合"图层的第 61 帧。

② 用鼠标右键单击选中的帧。

③ 在弹出的快捷菜单中选择【复制属性】命令。

④ 按住 Ctrl 键单击"集合"图层的第 180 帧。

⑤ 用鼠标右键单击选中的帧。

⑥ 在弹出的快捷菜单中选择【粘贴属性】命令。

3. 制作图片展示动画。

(1) 制作元件内动画，效果如图 5-41 所示。

① 双击【库】面板中的"集合"元件进入元件编辑界面。

② 使用相同的方法制作补间动画。

图5-40 复制属性

图5-41 制作元件内动画

(2) 按 Ctrl + S 组合键保存影片文件，案例制作完成。

5.2.3 提高训练——制作"我的魔兽相册"

本案例将通过制作三维空间中的图像转换效果，带领读者学习掌握补间动画的应用方法及【三维旋转】工具的使用方法，操作思路及效果如图 5-42 所示。

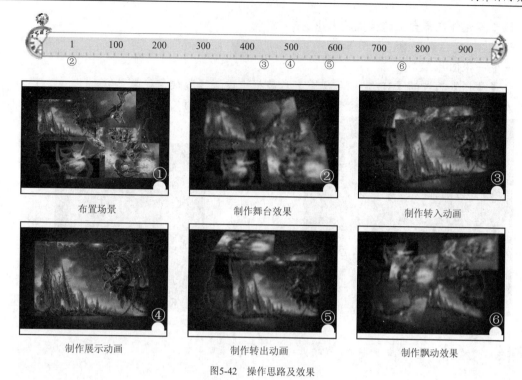

布置场景　　　　　　　制作舞台效果　　　　　　　制作转入动画

制作展示动画　　　　　　　制作转出动画　　　　　　　制作飘动效果

图5-42　操作思路及效果

【操作步骤】

1.　设置动画开场效果。

(1)　打开制作模板，如图 5-43 所示。

按 $\boxed{\text{Ctrl}}$+$\boxed{\text{O}}$ 组合键打开附盘文件"素材\第 5 章\我的魔兽相册\我的魔兽相册-模板.fla"。在舞台上已放置背景元件。

(2)　新建图层，如图 5-44 所示。

①　连续单击 ⬛ 按钮新建图层。

②　重命名各图层。

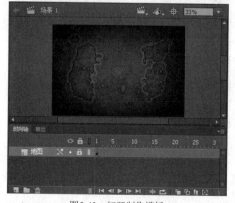

图5-43　打开制作模板

图5-44　新建图层

(3)　布置舞台，如图 5-45 所示。

①　按 $\boxed{\text{Ctrl}}$+$\boxed{\text{L}}$ 组合键打开【库】面板。

②　将"元件"文件夹中的各元件放置到相应的图层中。

③　调整各元件在舞台上的位置及大小。

(4)　设置 3D 定位和查看，如图 5-46 所示。

①　选中一张图片。

②　在【属性】面板的【3D 定位和视图】卷展栏中设置【透视角度】参数。

③　在【属性】面板的【3D 定位和视图】卷展栏中设置【消失点】参数。

图5-45　布置舞台

图5-46　设置 3D 定位和查看

要点提示　调整大小和位置时可随意些，营造出一种"纵横交错"的氛围。

(5)　对"精灵盗贼"元件进行 3D 旋转操作，效果如图 5-47 所示。

①　按 W 键启用【3D 旋转】工具，单击"精灵盗贼"图片。

②　鼠标指针移动到红色线条上，按住鼠标左键上下拖曳使图片绕 x 轴旋转。

③　使用相同的方法使图片绕 y 轴和 z 轴旋转。

④　鼠标指针移动到橙色线条上，按住鼠标左键向四周拖曳，可使图片同时绕 x、y、z 三轴旋转。

(6)　使用相同的方法对其他元件进行 3D 旋转操作，效果如图 5-48 所示。

图5-47　对"精灵盗贼"元件进行 3D 旋转操作

图5-48　对其他元件的 3D 旋转操作

(7)　设置模糊效果，如图 5-49 所示。

①　选中"精灵盗贼"元件。

②　在【属性】面板的【滤镜】卷展栏中单击 按钮。

③　在弹出的下拉菜单中选择【模糊】选项。

④　设置【模糊 X】为"15 像素"，【模糊 Y】为"20 像素"，【品质】为【高】。

⑤　使用相同的方法为其他元件设置模糊效果。

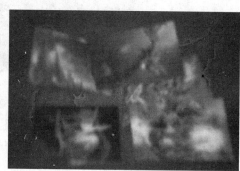

图5-49 设置模糊效果

2. 制作"精灵盗贼"的展示动画。

(1) 创建补间动画，如图 5-50 所示。

① 在"精灵盗贼"时间轴的任意帧处单击鼠标右键。

② 在弹出的快捷菜单中选择【创建补间动画】命令。

③ 使用相同的方法为其他图层创建补间动画。

④ 移动时间滑块至第 50 帧。

(2) 创建"飘动"效果，效果如图 5-51 所示。

① 按 V 键启用【选择】工具。

② 移动各元件。

③ 按 W 键启用【3D 旋转】工具。

④ 旋转各元件。

图5-50 创建补间动画

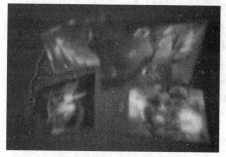
图5-51 创建"飘动"效果

 这里的飘动效果需要缓慢地移动并伴有轻微的旋转，因此移动和旋转不要过大。"精灵盗贼"要在第 51 帧处开始转入场景，为防止转入过程中"穿帮"，请不要将其与其他元件相交重叠。

(3) 将"精灵盗贼"图层移动至顶层，如图 5-52 所示。

① 选中"冰霜巨龙"图层。

② 单击 按钮新建图层。

③ 选择"精灵盗贼"图层的第 51 帧，单击鼠标右键，在弹出的快捷菜单中选择【拆分动画】命令。

④ 单击"精灵盗贼"图层第 51 帧后的任意位置，按住鼠标左键拖曳至新建图层。

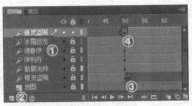

图5-52　将"精灵盗贼"图层移动至顶层

(4)　制作"精灵盗贼"元件的入场，如图 5-53 所示。

①　移动时间滑块至顶层"精灵盗贼"图层的第 65 帧。

②　选中"精灵盗贼"元件，在【属性】面板的【滤镜】卷展栏中设置【模糊 X】为"0 像素"，【模糊 Y】为"0 像素"。

③　按 Q 键启用【任意变形】工具，缩放"精灵盗贼"图片，按 W 键启用【3D 旋转】工具，旋转"精灵盗贼"图片。

(5)　为入场添加缓动，如图 5-54 所示。

①　选择顶层"精灵盗贼"的第 66 帧，单击鼠标右键，在弹出的快捷菜单中选择【拆分动画】命令。

②　单击顶层第 50 帧 ~ 第 65 帧之间的任意位置。

③　在【属性】面板的【缓动】卷展栏中设置【缓动】值为"100"。

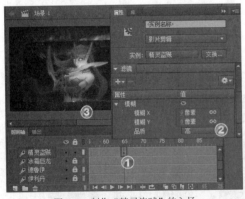

图5-53　制作"精灵盗贼"的入场

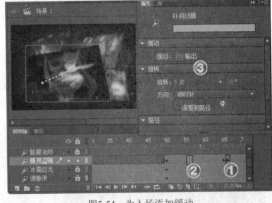

图5-54　为入场添加缓动

要点提示　补间动画不支持关键帧与关键帧之间设置缓动，为补间动画设置的缓动会应用于整个补间区域，因此必须拆分动画，以达到分段设置缓动的目的。

(6)　制作"精灵盗贼"元件向上飘动的效果，如图 5-55 所示。

①　移动时间滑块至顶层"精灵盗贼"图层的第 115 帧。

②　按 V 键启用【选择】工具，移动"精灵盗贼"元件。

③　按 W 键启用【3D 旋转】工具，旋转"精灵盗贼"元件。

④　按 F6 键添加关键帧。

(7)　制作"精灵盗贼"元件向下飘动的效果，如图 5-56 所示。

①　移动时间滑块至顶层"精灵盗贼"图层的第 160 帧。

②　移动并旋转"精灵盗贼"元件。

③　按 F6 键添加关键帧。

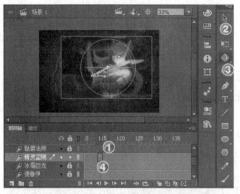

图5-55　制作"精灵盗贼"元件向上飘动的效果

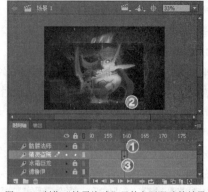

图5-56　制作"精灵盗贼"元件向下飘动的效果

在移动和旋转时，要充分考虑运动的连贯性，图片从左下角向右上方运动进入场景，进入后应继续向右上方运动一定距离来表现连贯性。若进入场景后便立即向左下方运动，所得的动画效果会显得比较僵硬。

除运动的方向外，角度的转动也要遵循同样的原理，图片在入场前就已经做好了准备（倒回去看，会发现图片有一种向右上方放大、逼近我们视野的趋势）。类似规律请读者多多体会。

补间动画会自动记录我们针对某个属性所作的改动，形成关键帧，但是未作改动的属性将不会被记录。例如，将图片缩放，则会为缩放添加关键帧，但不会为旋转添加关键帧，因此需要按 F6 键为其他属性添加关键帧。

(8)　制作"精灵盗贼"元件向右飘动的效果，如图 5-57 所示。

①　移动时间滑块至顶层"精灵盗贼"图层的第 200 帧。

②　移动并旋转"精灵盗贼"元件。

③　按 F6 键添加关键帧。

(9)　制作"精灵盗贼"的出场，如图 5-58 所示。

①　选择顶层"精灵盗贼"图层的第 201 帧，单击鼠标右键，在弹出的快捷菜单中选择【拆分动画】命令。

②　移动时间滑块至第 220 帧。

③　缩放、旋转、移动"精灵盗贼"元件。

④　设置【模糊 X】为"15"，【模糊 Y】为"20"。

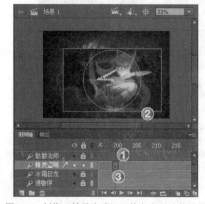

图5-57　制作"精灵盗贼"元件向右飘动的效果

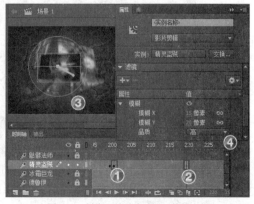

图5-58　制作"精灵盗贼"元件的出场

(10) 为出场添加缓动，如图 5-59 所示。

① 选择顶层"精灵盗贼"图层的第 221 帧，单击鼠标右键，在弹出的快捷菜单中选择【拆分动画】命令。

② 单击顶层第 201 帧～第 220 帧之间的任意位置。

③ 在【属性】面板的【缓动】卷展栏中设置【缓动】值为"-100"。

(11) 制作元件的飘动，如图 5-60 所示。

① 移动时间滑块至顶层"精灵盗贼"图层的第 245 帧。

② 分别对舞台的 5 个元件进行移动、旋转操作。

③ 分别为这 5 个元件所在的图层添加关键帧。

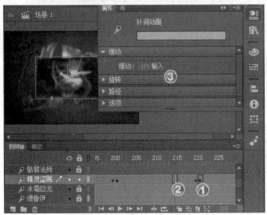

图5-59　为出场添加缓动

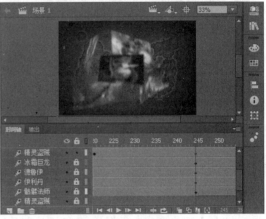

图5-60　制作元件的飘动

要点提示　移动不会改变 3D 旋转的角度，但会改变 3D 旋转在舞台上的效果，因此操作时最好先移动，再旋转。

3. 制作其他元件的展示动画。

(1) 使用相同的方法为"骷髅法师"元件制作展示动画，如图 5-61 所示。

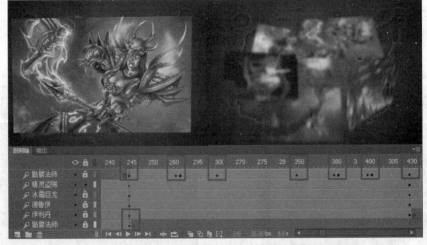

图5-61　为"骷髅法师"元件制作展示动画

(2) 使用相同的方法为"伊利丹"元件制作展示动画，如图 5-62 所示。

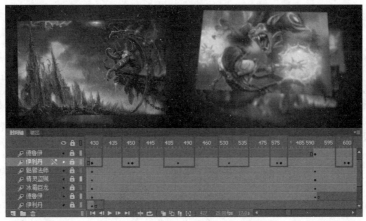

图5-62　为"伊利丹"元件制作展示动画

要点提示 在"伊利丹"元件出场的同时，"德鲁伊"元件开始入场，因此两者的补间区域有交叉。

(3)　使用相同的方法为"德鲁伊"元件制作展示动画，如图 5-63 所示。

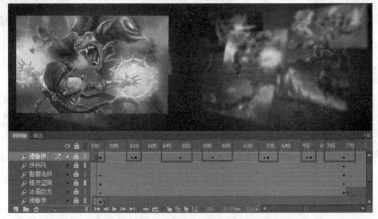

图5-63　为"德鲁伊"元件制作展示动画

(4)　使用相同的方法为"冰霜巨龙"元件制作展示动画，如图 5-64 所示。

图5-64　为"冰霜巨龙"元件制作展示动画

> 要点提示　"冰霜巨龙"为最后一个出场的元件，因此无需设置出场动画。

4. 按 Ctrl+S 组合键保存影片文件，案例制作完成。

5.3　综合案例

本节将通过两个综合案例来介绍传统补间动画的制作方法和技巧。

5.3.1　学以致用——制作"浪漫气球"

本案例将利用传统补间动画制作一个较为复杂的浪漫气球动画，其设计思路及效果如图 5-65 所示。

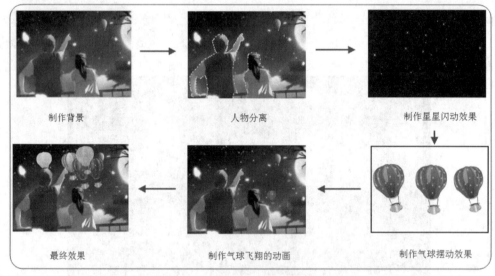

图5-65　制作思路及效果

【操作步骤】

1. 素材准备。
(1) 打开附盘文件"素材\第 5 章\制作"浪漫气球"\浪漫气球.fla"，【库】面板信息如图 5-66 所示。
(2) 新建并重命名图层，如图 5-67 所示。

图5-66　【库】面板信息

图5-67　图层信息

(3) 双击【库】面板中的"红色气球"元件,进入其元件编辑界面,如图 5-68 所示。

> **要点提示** 由于本案例的学习重点为补间动画,所以直接给出气球素材。对于绘图能力还有待提高的读者可以自己绘制气球,从而锻炼绘图能力。

2. 处理背景图片。

(1) 返回"场景 1",将【库】面板中名为"背景.png"的图片放置到"背景"图层上,并相对舞台居中对齐,如图 5-69 所示。

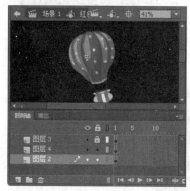

图5-68 "红色气球"元件

图5-69 将"背景.png"放置到舞台

(2) 选择【钢笔】工具,在【属性】面板中设置【笔触颜色】为"蓝色",【样式】为【极细线】,在"背景"图层上绘制人物的轮廓,如图 5-70 所示。

> **要点提示** 在调整人物的轮廓时,一方面,要保证男孩和女孩身上的线条各是一条连续的线条,另一方面,线条的端点要超出背景的下边缘,这样可以方便后面分离图片。

(3) 选中"背景"图层上的图片,按 Ctrl+B 组合键将图形打散,选中分离的人物,将其剪切到"恋人"图层上,然后删除多余的线条。

(4) 选中"恋人"图层上的图形,按 F8 键将其转化为图形元件,并命名为"恋人"。

(5) 返回主场景,锁定"恋人"图层,隐藏"背景"图层,效果如图 5-71 所示。

图5-70 绘制人物的轮廓

图5-71 隐藏"背景"图层的效果

3. 制作星星闪动效果。

(1) 新建一个图形元件,并命名为"闪动效果 1",单击 确定 按钮进入元件编辑界面,将【库】面板中名为"星星"的元件放置到舞台中,然后在【变形】面板中设置其参数，如图 5-72 所示，最后将其相对于舞台居中对齐，效果如图 5-73 所示。

图5-72　【变形】面板

图5-73　星星旋转后的效果

(2) 在【属性】面板的【色彩效果】卷展栏中将"星星"元件的【样式】设置为【高级】，设置其参数，如图 5-74 所示。

图5-74　颜色设置

(3) 在图层 1 的第 13 帧、第 25 帧、第 38 帧、第 50 帧和第 55 帧处插入关键帧，并在【变形】面板中设置各帧处图形的大小，如图 5-75 所示。

图5-75　设置各帧处图形的大小

(4) 分别在每两个帧之间创建传统补间动画。

(5) 利用同样的方法创建"闪动效果 2"和"闪动效果 3"元件，只改变星星的大小，其他参数不变，如图 5-76 和图 5-77 所示。

图5-76　"闪动效果 2"元件的时间轴

图5-77　"闪动效果 3"元件的时间轴

这里星星的大小可以根据读者自己的创意进行调整。

(6) 新建一个影片剪辑元件并命名为"星星闪动"，单击 确定 按钮进入元件编辑界面。新建 3 个图层并分别重命名为"闪动效果 1"图层、"闪动效果 2"图层和"闪动效果 3"图层，然后在所有图层的第 55 帧处插入帧，【时间轴】面板状态如图 5-78 所示。

图5-78　【时间轴】面板状态

(7) 将刚创建的星星闪动效果元件分别放置到对应的图层中，并复制适当的数目，最后调整它们的位置，效果如图 5-79 所示。

图5-79　布置星星

(8) 返回主场景，将【库】面板中名为"星星闪动"的元件放置到"星星"图层上，并设置其大小和位置：【宽】为"372.3"，【高】为"126.55"，【X】为"256.55"，【Y】为"258.35"，如图 5-80 所示。

(9) 选中舞台上的"星星闪动"元件，复制粘贴出一个图形，然后执行【修改】/【变形】/【水平翻转】命令，最后设置它的位置参数：【X】为"289.55"，【Y】为"130.45"，如图 5-81 所示。

图5-80　设置大小和位置

图5-81　设置位置

4. 制作气球摆动效果。

(1) 新建一个图形元件并将其命名为"红色摆动"，单击 确定 按钮进入元件编辑界面。将【库】面板中名为"红色气球"的元件放置到舞台中，在【变形】面板中设置元件的大小为"50%"，并设置其位置坐标【X】、【Y】分别为"0""0"。

(2) 在"图层 1"图层的第 20 帧和第 40 帧处插入关键帧，然后选中第 20 帧处的图形元件，在【变形】面板中设置旋转角度为"10°"，如图 5-82 所示。

(3) 在第 1 帧～第 20 帧、第 20 帧～第 40 帧之间创建传统补间动画，然后在第 39 帧处插入关键帧，将第 40 帧删除。此时的【时间轴】面板状态如图 5-83 所示。

这里将第 40 帧删除的目的是在循环播放时，使动画效果更加流畅。

图5-82 设置旋转角度

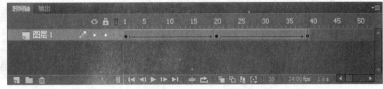

图5-83 创建传统补间动画

(4) 利用同样的方法，创建"粉红色摆动""蓝色摆动"和"黄色摆动"元件。至此，气球的摆动效果制作完成。

5. 制作气球飞翔效果。

(1) 回到主场景中，在所有图层的第 455 帧处插入帧。

(2) 将【库】面板中名为"红色摆动"的元件放置到"红色气球"图层上，选中舞台上的"气球"元件，在【属性】面板上设置元件的参数：【X】为"482.65"，【Y】为"141.85"，【宽】为"16.1"，【高】为"19.9"，如图 5-84 所示。

(3) 在"红色气球"图层的第 220 帧处插入关键帧，选中舞台上的"气球"元件，并在【属性】面板上设置元件的参数：【X】为"370.5"，【Y】为"30.7"，【宽】为"145.1"，【高】为"178.4"，如图 5-85 所示，舞台上的效果如图 5-86 所示。

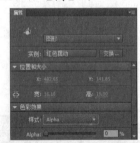

图5-84 设置大小和位置

图5-85 第 220 帧处的"气球"元件的参数设置

第 1 帧处的"气球"元件

第 220 帧处的"气球"元件

图5-86 气球在舞台上的效果

(4) 在"红色气球"图层的第 395 帧处插入关键帧，选中舞台上的"气球"元件，并在【属性】面板上设置元件的参数：【X】为"182.9"，【Y】为"230.45"，【宽】为"80.6"，【高】为"99.05"，如图 5-87 所示。

(5) 然后在第 1 帧～第 220 帧和第 220 帧～第 395 帧之间创建传统补间动画。

要点提示 从以上操作得知，气球的飞翔是从远逐渐到近，再从近逐渐到远的过程，颜色是从无到有，再从有到无的过程。其中气球从远到近飞翔的时间为 220 帧，从近到远飞翔的时间为 175 帧。

(6) 利用同样的方法，从"粉红色气球"图层的第 20 帧处、"黄色气球 1"图层的第 40 帧处、"蓝色气球"图层的第 60 帧处和"黄色气球 2"图层的第 80 帧处开始制作气球飞翔的动画，气球从远到近飞翔的时间为 220 帧，从近到远飞翔的时间为 175 帧。

(7) 在"音效"图层的第 20 帧处插入关键帧，选中第 20 帧，在【属性】面板中为场景添加"背景音乐"，其参数设置如图 5-88 所示。

图5-87　第 395 帧处的红色气球的参数设置

图5-88　添加音乐

(8) 保存测试影片，一个浪漫而生动的气球场景效果制作完成。

5.3.2　举一反三——制作"黑超门神"

本案例将使用传统补间动画来制作一个生动有趣的足球动画，操作思路及效果如图 5-89 所示。

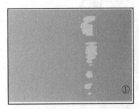
制作背景元素动画

制作开场动画效果

制作守门员抓球的动画

制作足球爆炸的动画

制作守门员被炸的效果

制作守门员的流汗表情

图5-89　操作思路及效果

【操作步骤】

1.　制作背景元素动画。

(1) 打开制作模板，如图 5-90 所示。

按 Ctrl+O 组合键打开附盘文件"素材\第 5 章\黑超门神\黑超门神-模板.fla"。在文档中的时间轴上已经创建 6 个图层，各图层的元素已经设置完成。本文档的【库】中已提供本案例所需的素材。

(2) 新建图层，如图 5-91 所示。

① 连续单击 ⬚ 按钮新建图层。

② 重命名各图层。

③ 锁定除"背景动画"以外的图层。

图5-90　打开制作模板

图5-91　新建图层

(3) 布置"流动线条"元件，如图 5-92 所示。

① 选中"背景动画"图层的第 1 帧，将【库】面板中名为"流动线条"的图形元件拖曳到舞台。

② 在【变形】面板中设置元件的【大小】为"248%"，【旋转角度】值为"–50.9°"。

③ 在【属性】面板的【位置和大小】卷展栏中设置【X】为"–25.15"，【Y】为"284"。

图5-92　布置"流动线条"元件

(4) 插入关键帧，如图 5-93 所示。

① 分别在"背景动画"图层的第 16 帧、31 帧、46 帧、61 帧、76 帧、91 帧处按 F6 键插入关键帧。

② 分别在第 8 帧、第 23 帧、第 38 帧、第 53 帧、第 68 帧、第 83 帧、第 98 帧处按 F7 键插入空白关键帧。

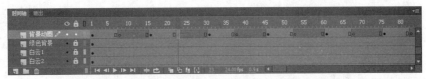

图5-93 插入关键帧

(5) 在第 1 帧～第 7 帧之间创建传统补间动画，如图 5-94 所示。

① 在"背景动画"图层的第 7 帧处按 F6 键插入关键帧。

② 在舞台上选中"流动线条"元件，在【属性】面板的【位置和大小】卷展栏中设置【X】为"1092.85"，【Y】为"284"。

③ 在第 1 帧～第 7 帧之间创建传统补间动画。

④ 选中第 1 帧。

⑤ 在【属性】面板的【补间】卷展栏中设置【缓动】值为"-100"。

图5-94 在第 1 帧～第 7 帧之间创建传统补间动画

(6) 复制关键帧，如图 5-95 所示。

① 选中"背景动画"图层的第 7 帧。

② 按 Ctrl+Alt+C 组合键复制关键帧。

③ 分别在第 22 帧、第 37 帧、第 52 帧、第 67 帧、第 82 帧、第 97 帧处按 Ctrl+Alt+V 组合键粘贴关键帧。

图5-95 复制关键帧

(7) 使用同样的方法在每两个关键帧之间创建传统补间动画并设置它们的缓动参数，如图 5-96 所示。

图5-96 创建传统补间动画

这里的背景元素的动画效果，是为了衬托足球向左飞驰的状态，换句话说就是一个参照物。当背景参照物在移动时，静止在画面上的物体相对于参照物体来说也是处于移动的状态。

2. 制作开场动画效果。

(1) 设置 "尾部火焰" 图层第 1 帧处的元件，如图 5-97 所示。

① 锁定除 "尾部火焰" 以外的图层。

② 将【库】面板中名为 "尾部火焰" 的图形元件拖曳到舞台。在舞台上选中 "尾部火焰" 元件。

③ 在【属性】面板的【位置和大小】卷展栏中设置【X】为 "508.6"，【Y】为 "174.95"，【宽】为 "1981.95"，【高】为 "259.95"。

(2) 在第 1 帧~第 17 帧之间创建传统补间动画，如图 5-98 所示。

① 在 "尾部火焰" 图层的第 17 帧处按 F6 键插入关键帧。

② 在舞台上选中 "尾部火焰" 元件。

③ 在【属性】面板的【位置和大小】卷展栏中设置【X】为 "414.15"，【Y】为 "240.05"，【宽】为 "1156.25"，【高】为 "129"。

④ 在第 1 帧~第 17 帧之间创建传统补间动画。

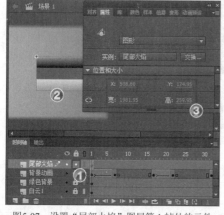
图5-97　设置 "尾部火焰" 图层第 1 帧处的元件

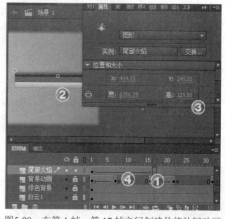
图5-98　在第 1 帧~第 17 帧之间创建传统补间动画

(3) 设置 "足球" 图层第 1 帧处的元件，如图 5-99 所示。

① 锁定除 "足球" 图层以外的图层。

② 将【库】面板中名为 "足球转动" 的图形元件拖曳到舞台，在舞台上选中 "足球转动" 元件。

③ 在【属性】面板的【位置和大小】卷展栏中设置【X】为 "-198.55"，【Y】为 "-343.2"，【宽】为 "1680.25"，【高】为 "1277.95"。

(4) 在第 1 帧~第 17 帧之间创建传统补间动画，如图 5-100 所示。

① 在 "足球" 图层的第 17 帧处按 F6 键插入关键帧。

② 在舞台上选中 "足球转动" 元件。

③ 在【属性】面板的【位置和大小】卷展栏中设置【X】为 "1.6"，【Y】为 "0.85"，【宽】为 "1024"，【高】为 "590"。

④ 在第 1 帧~第 17 帧之间创建传统补间动画。

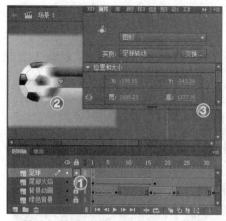

图5-99 设置"足球"图层第1帧处的元件

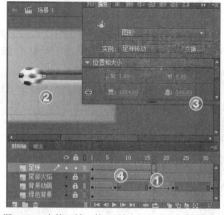

图5-100 在第1帧~第17帧之间创建传统补间动画

(5) 设置"光子特效"图层第1帧处的元件，如图5-101所示。

① 锁定除"光子特效"以外的图层。

② 将【库】面板中名为"光子闪动"的图形元件拖曳到舞台，在舞台上选中"光子闪动"元件。

③ 在【属性】面板的【位置和大小】卷展栏中设置【X】为"670.05"，【Y】为"294.7"，【宽】为"717.85"，【高】为"329.5"。

(6) 在第1帧~第17帧之间创建传统补间动画，如图5-102所示。

① 在"光子特效"图层的第17帧处按 F6 键插入关键帧。

② 在舞台上选中"光子特效"元件。

③ 在【属性】面板的【位置和大小】卷展栏中设置【X】为"511.95"，【Y】为"294.95"，【宽】为"442.4"，【高】为"152.7"。

④ 在第1帧~第17帧之间创建传统补间动画。

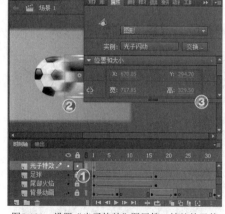

图5-101 设置"光子特效"图层第1帧处的元件

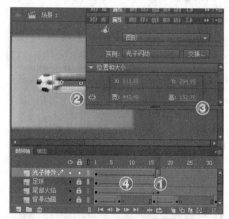

图5-102 在第1帧~第17帧之间创建传统补间动画

(7) 设置"白布"图层第1帧处的元件，如图5-103所示。

① 锁定除"白布"以外的图层。

② 将【库】面板中名为"白布"的图形元件拖曳到舞台，并居中对齐到舞台。

(8) 在第1帧~第17帧之间创建传统补间动画，如图5-104所示。

① 在"白布"图层的第17帧处按 F6 键插入关键帧，在第18帧处按 F7 键插入一个空白

关键帧。

② 在第 17 帧处选中"白布"元件。

③ 在【属性】面板的【色彩效果】卷展栏中设置【样式】为【Alpha】，【Alpha】值为
"0%"。

④ 在第 1 帧～第 17 帧之间创建传统补间动画。

图5-103　设置"白布"图层第 1 帧处的元件

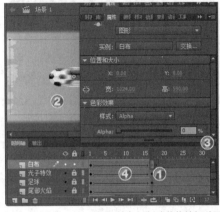

图5-104　在第 1 帧～第 17 帧之间创建传统补间动画

3.　制作守门员抓球的动画。

(1)　制作天空出现的动画，如图 5-105 所示。

① 锁定除"绿色背景"以外的图层。

② 在"绿色背景"图层的第 95 帧处按 F6 键插入关键帧。

③ 在第 104 帧处按 F6 键插入关键帧。

④ 选中第 104 帧处的"地面"元件，在【属性】面板的【位置和大小】卷展栏中设置
【X】为"–76"，【Y】为"197.5"，【宽】为"1198.3"，【高】为"480.45"。

⑤ 在第 95 帧～第 104 帧之间创建传统补间动画。

⑥ 选中第 95 帧，在【属性】面板的【补间】卷展栏中设置【缓动】值为"–100"。

(2)　制作尾部火焰消失的动画，如图 5-106 所示。

图5-105　制作天空出现的动画

图5-106　制作尾部火焰消失的动画

① 锁定除"尾部火焰"以外的图层。

② 在"尾部火焰"图层的第 106 帧和第 114 帧处分别按 F6 键插入关键帧，在第 115 帧处

按 F7 键插入一个空白关键帧。

③ 在第 114 帧处选中"尾部火焰"元件。

④ 在【属性】面板的【色彩效果】卷展栏中设置【样式】为【Alpha】，【Alpha】值为"0%"。

⑤ 在第 106 帧～第 114 帧之间创建传统补间动画。

(3) 设置守门员第 106 帧处的状态，如图 5-107 所示。

① 锁定除"守门员"以外的图层。

② 在"守门员"图层的第 106 帧、第 107 帧、第 108 帧处分别按 F6 键插入关键帧。

③ 选中第 106 帧，将【库】面板中名为"守门员_重影"的影片剪辑元件拖曳到舞台。

④ 在【属性】面板的【位置和大小】卷展栏中设置【X】为"2"，【Y】为"100.4"。

⑤ 在【滤镜】卷展栏中单击 按钮，添加【模糊】和【调整颜色】选项。

⑥ 在【模糊】卷展栏中设置【模糊 X】为"15 像素"，【模糊 Y】为"15 像素"，【品质】为【低】。

⑦ 在【调整颜色】卷展栏中设置【亮度】为"10"。

(4) 设置守门员第 107 帧处的状态，如图 5-108 所示。

① 选中第 107 帧。

② 将【库】面板中名为"守门员"的影片剪辑元件拖曳到舞台。

③ 在【属性】面板的【位置和大小】卷展栏中设置【X】为"2"，【Y】为"100.4"。

④ 在【滤镜】卷展栏单击 按钮，添加【模糊】和【发光】选项。

⑤ 在【模糊】卷展栏中设置【模糊 X】为"10 像素"，【模糊 Y】为"10 像素"，【品质】为【中】。

⑥ 在【发光】卷展栏中设置【模糊 X】为"2 像素"，【模糊 Y】为"2 像素"，【强度】为"100%"，【品质】为【低】，颜色为"#CCCCCC"。

图5-107　设置守门员第 106 帧处的状态

图5-108　设置守门员第 107 帧处的状态

(5) 设置守门员第 108 帧处的状态，如图 5-109 所示。

① 选中第 108 帧。

② 将【库】面板中名为"守门员闪动"的图形元件拖曳到舞台。

③ 在【属性】面板的【位置和大小】卷展栏中设置【X】为"2"，【Y】为"100.4"。

4. 制作足球爆炸的动画。

(1) 设置足球燃烧的动画，如图 5-110 所示。

① 在"光子特效"图层的第 151 帧处按 F7 键插入一个空白关键帧。

② 锁定除"足球"以外的图层。

③ 在"足球"图层的第 151 帧处按 F7 键插入一个空白关键帧。

④ 在第 115 帧和第 137 帧处分别按 F6 键插入关键帧。

⑤ 在第 137 帧处选中"足球转动"元件。

⑥ 在【属性】面板中设置【色彩效果】栏中的参数。

⑦ 在第 115 帧～第 137 帧之间创建传统补间动画。

图5-109 设置守门员第 108 帧处的状态

图5-110 设置足球燃烧的动画

(2) 设置第 151 帧处足球的效果，如图 5-111 所示。

① 锁定除"足球爆炸"以外的图层。

② 在"足球爆炸"图层的第 151 帧处按 F6 键插入关键帧。

③ 将【库】面板中名为"足球"的影片剪辑元件拖曳到舞台。

④ 在【属性】面板的【位置和大小】卷展栏中设置【X】为"313.4"，【Y】为"209.4"。

⑤ 设置【色彩效果】卷展栏中的参数：【红】为"100%"，【xR+】为"255"，【绿】为"100%"，【xG+】为"193"。

(3) 在第 151 帧～第 156 帧之间创建传统补间动画，如图 5-112 所示。

① 在"足球爆炸"图层的第 156 帧处按 F6 键插入关键帧。

② 在第 156 帧处选中"足球"元件。

③ 在第 151 帧～第 156 帧之间创建传统补间动画。

④ 选中第 151 帧，在【属性】面板中设置【补间】卷展栏中的旋转参数。

图5-111 设置第 151 帧处足球的效果

图5-112 在第 151 帧～第 156 帧之间创建传统补间动画

（4） 设置足球爆炸动画，如图 5-113 所示。

① 在"足球爆炸"图层的第 157 帧处按 F7 键插入一个空白关键帧。

② 将【库】面板中名为"足球爆炸"的图形元件拖曳到舞台。

③ 在【属性】面板的【位置和大小】卷展栏中设置【X】为"513.5"，【Y】为"295.65"。

④ 在第 169 帧处按 F7 键插入一个空白关键帧。

5. 制作守门员被炸的效果。

（1） 设置第 150 帧处守门员的效果，如图 5-114 所示。

① 锁定除"守门员"以外的图层。

② 选中第 150 帧，按 F6 键插入关键帧。

③ 在第 150 帧处选中"守门员闪动"元件。

④ 在【属性】面板的【循环】卷展栏中设置【选项】为【单帧】，【第一帧】为"1"。

图5-113 设置足球爆炸动画

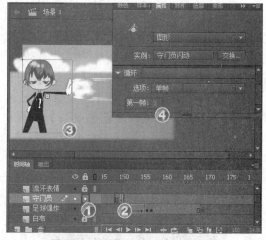

图5-114 设置第 150 帧处守门员的效果

（2） 设置第 157 帧处守门员的效果，如图 5-115 所示。

① 选中第 157 帧，按 F7 键插入一个空白关键帧。

② 将【库】面板中名为"被炸_守门员"的图形元件拖曳到舞台。

③ 在【属性】面板的【位置和大小】卷展栏中设置【X】为"1.75"，【Y】为"91.85"。

6. 制作守门员的流汗表情。

（1） 插入关键帧，如图 5-116 所示。

① 锁定除"流汗表情"以外的图层。

② 在"流汗表情"图层的第 169 帧处按 F6 键插入关键帧。

③ 将【库】面板中名为"汗水"的图形元件拖曳到舞台。

④ 在【属性】面板的【位置和大小】卷展栏中设置【X】为"214.4"，【Y】为"31.5"，【宽】为"91"，【高】为"160.9"。

图5-115　设置第 157 帧处守门员的效果

图5-116　插入关键帧

(2) 制作汗水下落的动画，如图 5-117 所示。

① 在"流汗表情"图层上的第 172 帧、第 174 帧、第 176 帧、第 178 帧处分别按 F6 键插入关键帧。

② 设置各帧处"汗水"元件的位置。

③ 在每两个关键帧之间创建传统补间动画。

(3) 设置第 169 帧处汗水的效果，如图 5-118 所示。

① 在第 169 帧处选中"汗水"元件。

② 在【属性】面板的【色彩效果】卷展栏中设置【样式】为【Alpha】，【Alpha】值为"0%"。

图5-117　制作汗水下落的动画

图5-118　设置第 169 帧处汗水的效果

(4) 按 Ctrl+S 组合键保存影片文件，案例制作完成。

5.4　学习辅导——巧用缓动参数

一、缓动的含义

缓动是用于 Flash 计算补间动画中关键帧之间属性值的一种技术。如果不使用缓动，Flash 在计算运动值时，都是均匀变化的。如果使用缓动，则可以调整对每个值的更改程度，从而实现更自然、更复杂的动画。

二、缓动的使用方法

1. 打开 Flash CC 制作模板，如图 5-119 所示。

(1) 按 [Ctrl]+[O] 组合键打开附盘文件"素材\第5章\缓动案例\缓动案例-模板.fla"。

(2) 在文档的时间轴上已经创建4个图层，各图层的参数已经设置完成。

图5-119　打开制作模板

模板中使用传统补间动画，创建了一段汽车从左边向右边行驶的动画，如图5-120所示，通过观察可以发现，汽车是在做匀速运动，现在将对它的运动速度进行调整。

第15帧处汽车的位置　　　　　第40帧处汽车的位置　　　　　第65帧处汽车的位置

图5-120　各帧处汽车的位置

2.　制作汽车从慢到快的运动效果，如图5-121所示。

(1)　选中"车"图层的第1帧。

(2)　在【属性】面板的【补间】卷展栏中设置【缓动】值为"-100"。

图5-121　制作汽车从慢到快的运动效果

当缓动值为负值时，运动的效果由慢变快，相当于汽车启动行驶的效果，这样更具有动画的冲击效果，如图5-112所示。

第 15 帧处汽车的位置　　　　　第 40 帧处汽车的位置　　　　　第 65 帧处汽车的位置

图5-122　各帧处汽车的位置

3. 制作汽车从快到慢的运动效果，如图 5-123 所示。

(1) 选中"车"图层的第 1 帧。

(2) 在【属性】面板的【补间】卷展栏中设置【缓动】值为"100"。

图5-123　制作汽车从慢到快的运动效果

要点提示　当缓动值设置为正值时，运动的效果由快变慢，相当于汽车刹车的过程，如图 5-124 所示。

第 15 帧处汽车的位置　　　　　第 40 帧处汽车的位置　　　　　第 65 帧处汽车的位置

图5-124　各帧处汽车的位置

从上面两种情况分析可知，缓动值为负值相当于加速的过程，缓动值为正值相当于减速的过程。

缓动补间的运用可以为动画添加更真实、更绚丽的效果，读者可以根据实际需要设置缓动的参数值，也可以使用编辑缓动参数进行设置，下面介绍其具体使用方法。

编辑运动曲线，如图 5-125 所示。

1. 选中"车"图层的第 1 帧。

2. 在【属性】面板的【补间】卷展栏中设置【缓动】值为"100"。

3. 在【属性】面板的【补间】卷展栏中单击 ✐ 按钮。

4. 编辑运动曲线，使汽车在第15帧才起步。

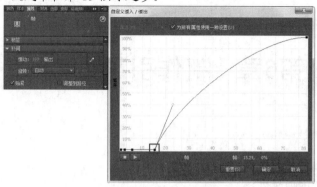

图5-125　编辑运动曲线

要点提示　测试动画，观察汽车在第 15 帧处才开始启动的动画，如图 5-126 所示。读者在制作动画时，一定要灵活变通，达到举一反三的目的。

第 15 帧处汽车的位置

第 40 帧处汽车的位置

第 65 帧处汽车的位置

图5-126　各帧处汽车的位置

5.5　习题

1. 传统补间动画与补间形状动画有何区别？
2. 使用传统补间动画可以实现元件哪些方面的变化效果？
3. 在【属性】面板的【旋转】项中有哪些可选参数，都能实现什么样的效果？
4. 说明补间动画的主要用途。
5. 请读者根据所学知识制作一个水晶文字效果，如图 5-127 所示。

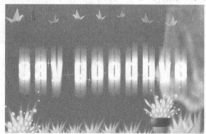

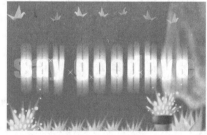

图5-127　水晶文字效果

第6章 制作引导层动画

【学习目标】
- 掌握引导层动画的原理。
- 掌握引导层的创建方法。
- 掌握使用引导层制作动画的技巧。
- 掌握使用引导层模拟生物的方法。

引导层动画是 Flash 中一种重要的动画类型。使用前面几章介绍的方法制作动画时，可以比较容易地实现对象的直线运动，但在实际应用中，常常需要制作大量的曲线运动动画，有时甚至需要让物体按照预先设定的复杂路径（轨迹）运动，这就需要引导层动画这样的形式来实现。

6.1 引导层动画

引导层动画的原理和创建方法都十分简单。通过下面的学习，读者可以轻松掌握。

6.1.1 功能讲解——引导层动画原理

一、 引导层动画原理

引导层动画与逐帧动画、传统补间动画不同，它是通过在引导层上加线条来作为被引导层上元件的运动轨迹，从而实现对被引导层上元素的路径约束。

引导层上的路径必须是使用【钢笔】工具 、【铅笔】工具 、【线条】工具 、【椭圆】工具 或【矩形】工具 所绘制的曲线。

图 6-1 所示为被引导层上飞机在第 1 帧和第 50 帧处的位置。图 6-2 所示为飞机的全部运动轨迹，通过观察可以很清晰地发现引导层的引导功能。

飞机在第 1 帧处的位置

飞机在第 50 帧处的位置

图6-1 设置飞机起始位置　　　　　　　　　　　　　　图6-2 飞机的运动轨迹

引导层上的路径发布后，并不会显示出来，只是作为被引导元素的运动轨迹。在被引导层上被引导的图形必须是元件，而且必须创建传统补间动画，同时还需要将元件在关键帧处的"变形中心"设置到引导层的路径上，才能成功创建引导层动画。

二、 创建引导层

可以使用两种不同的方式创建引导层动画。

(1) 使用【引导层】命令，如图 6-3 所示。

- 新建两个图层。
- 在"图层 2"上单击鼠标右键，在弹出的快捷菜单中选择【引导层】命令。
- 用鼠标将"图层 1"拖曳到"图层 2"的下面，释放鼠标后，使引导层的图标由 图形变为 图形，则引导层和被引导层创建成功。
- 在"图层 2"上绘制引导路径，在"图层 1"上制作补间动画。

(2) 使用【添加传统运动引导层】命令，如图 6-4 所示。

- 在被引导的图层上单击鼠标右键，在弹出的快捷菜单中选择【添加传统运动引导层】命令。
- 在自动新建的引导层上绘制引导路径。

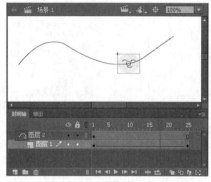

图6-3　创建引导层 1

图6-4　创建引导层 2

三、 取消"引导层"或"被引导层"

可在"引导层"或"被引导层"上单击鼠标右键，在弹出的快捷菜单中选择【属性】命令，打开【图层属性】对话框，设置【类型】为【一般】，然后单击 确定 按钮即可将"引导层"和"被引导层"转换为一般图层，如图 6-5 所示。

图6-5　【图层属性】对话框

6.1.2　范例解析——制作"巧克力情缘"

本案例将使用引导层动画的原理，制作出一个心形从巧克力杯中慢慢升起的浪漫效果，操作思路及效果如图 6-6 所示。

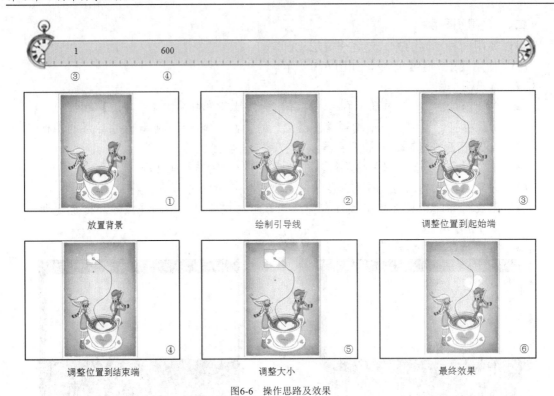

图6-6　操作思路及效果

【操作步骤】

1. 布置舞台。

(1) 打开制作模板，如图 6-7 所示。

按 Ctrl+O 组合键打开附盘文件 "素材\第 6 章\巧克力情缘\巧克力情缘-模板.fla"。场景大小已设置好，在【库】面板中已制作好所需的所有元素。

(2) 放置背景，如图 6-8 所示。

① 将 "图层 1" 重命名为 "背景" 层。

② 将【库】面板中的 "巧克力情缘.png" 位图拖曳至舞台。

③ 在【属性】面板的【位置和大小】卷展栏中设置【X】、【Y】坐标值都为 "0"。

④ 设置【宽】、【高】分别为 "400" 和 "600"。

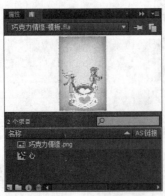

图6-7　打开制作模板

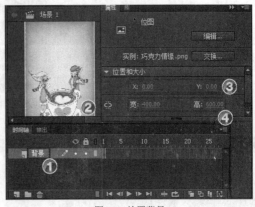

图6-8　放置背景

2. 绘制路径。

(1) 新建并重命名图层，如图 6-9 所示。

① 新建一个图层并重命名为"心"层。

② 在图层"心"上单击鼠标右键，在弹出的快捷菜单中选择【添加传统运动引导层】命令。

(2) 绘制线条，如图 6-10 所示。

① 选中图层"引导层：心"的第 1 帧。

② 按 Y 键启动【铅笔】工具。

③ 在舞台上绘制一条曲线。

图6-9　新建并重命名图层

图6-10　绘制线条

3. 制作引导层动画。

(1) 放置心形，如图 6-11 所示。

① 选中图层"心"的第 1 帧。

② 将【库】面板中的"心"元件拖曳至舞台。

③ 在【变形】面板中设置比例为"30%"。

(2) 调整位置，如图 6-12 所示。

① 按 V 键启动【选择】工具。

② 选中并拖曳心形，使其中心吸附到线条下端。

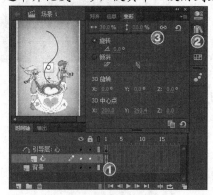

图6-11　放置心形

图6-12　调整位置

(3) 设置关键帧，如图 6-13 所示。

① 在所有图层的第 220 帧处插入帧。

② 在图层"心"的第 200 帧处插入关键帧。

③ 拖曳心形并将其吸附至线条的上端。

(4)　创建补间动画，如图 6-14 所示。

① 　选中第 200 帧处的 "心" 元件。

② 　在【变形】面板中设置其比例为 "50%"。

③ 　在图层 "心" 的第 1 帧～第 200 帧之间创建传统补间动画。

图6-13　设置关键帧

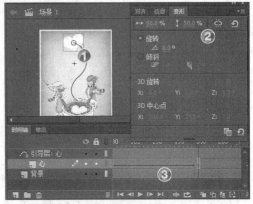

图6-14　创建补间动画

(5)　按 Ctrl+S 组合键保存影片文件，案例制作完成。

6.2　多层引导动画

通过前面的学习，相信读者已经掌握了引导层动画的创建方法和设计原理，本节将使用多层引导层动画来制作复杂的 Flash 动画。

6.2.1　功能讲解——多层引导动画原理

将普通图层拖曳到引导层或被引导层的下面，即可将普通图层转化为其被引导层。在一组引导中，引导层只能有一个，而被引导层可以有多个，即多层引导，如图 6-15 所示，其中 "图层 1" 为引导层，其余的所有图层都是被引导层。

图6-15　多层引导

引导层动画的创建原理十分简单，但是要使用引导层动画做出精美的动画作品应该注意以下内容。

(1)　观察生活中可以用引导层动画来表达创意的事物。

(2)　使用引导层动画来模拟表达设计者的创意。

(3)　收集素材丰富的作品。

(4)　在制作过程中不断完善自己的作品。

只要做到以上几点，做出精美的引导层动画便指日可待。

6.2.2　范例解析——制作 "鱼戏荷间"

水墨画是中华文明的精髓，它的美妙与内涵是每个中华儿女的骄傲。本例将使用多层引导动画来带领读者创造一幅 "鱼戏荷间" 的动态画面，操作思路及效果如图 6-16 所示。

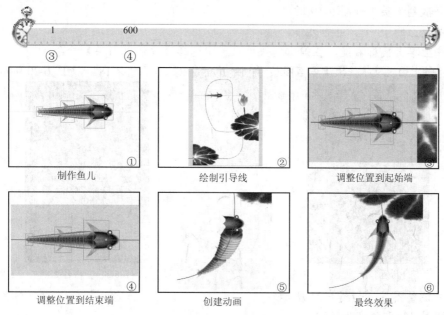

图6-16　操作思路及效果

【操作步骤】

1.　制作鱼儿。

(1)　打开制作模板，如图 6-17 所示。

按 Ctrl+O 组合键打开附盘文件"素材\第 6 章\鱼戏荷间\鱼戏荷间-模板.fla"。场景大小已设置好，在【库】面板中已制作好所需的所有元素。

(2)　放置元件，如图 6-18 所示。

①　将【库】面板中的"身"元件拖曳至舞台。

②　在【属性】面板中设置其【X】、【Y】坐标分别为"100"和"200"。

图6-17　【库】面板

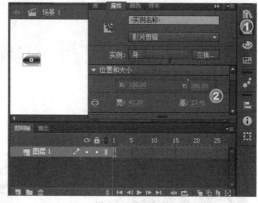

图6-18　放置元件

(3)　复制元件。

①　选择舞台中的"身"元件。

②　按 Ctrl+C 组合键进行复制。

③　连续 17 次按 Shift+Ctrl+V 组合键在原位置粘贴出 17 个"身"元件。

(4)　元件分散到图层，如图 6-19 所示。

①　选中舞台上的 18 个"身"元件。

②　在元件上单击鼠标右键，在弹出的快捷菜单中选择【分散到图层】命令。

(5)　在时间轴上由上及下依次重命名图层为"身1""身2"……"身18"，如图 6-20 所示。

图6-19　图层信息

图6-20　重命名图层

(6)　新建并调整图层，如图 6-21 所示。

①　将"图层 1"重命名为"鳍 1"。

②　在"身 10"图层上新建图层并重命名为"鳍 2"。

③　新建图层并重命名为"鳍 3"，并将图层"鳍 3"拖曳到"身 18"图层的下面。

(7)　放置元件，如图 6-22 所示。

①　将【库】面板中的"鳍"元件拖曳至"鳍 1"图层。

②　设置其【X】、【Y】坐标分别为"100"和"200"。

(8)　复制元件。

①　按 Ctrl+C 组合键复制舞台中的"鳍"元件。

②　选中图层"鳍 2"的第 1 帧。

③　按 Ctrl+Shift+V 组合键粘贴元件。

④　选中图层"鳍 3"的第 1 帧。

⑤　按 Ctrl+Shift+V 组合键粘贴元件。

图6-21　新建并调整图层

图6-22　添加"鳍"元件

(9)　调整坐标，效果如图 6-23 所示。

①　选中"鳍 1"图层的"鳍"元件。

② 设置其 x 坐标为"200"。

③ 选中"身 1"图层的"身"元件，设置其 x 坐标为"195"。

④ 选中"身 2"图层的"身"元件，设置其 x 坐标为"190"。

⑤ 以每设置一步，坐标值减"5"的方式类推设置其他图层上元件的 x 坐标。

(10) 调整大小，效果如图 6-24 所示。

① 选中"鳍 1"图层的"鳍"元件。

② 在【变形】面板中设置其【宽度】和【长度】变形都为"100%"。

③ 选中"身 1"图层的"身"元件。

④ 设置其【宽度】和【长度】变形都为"96.5%"。

⑤ 选中"身 2"图层的"身"元件。

⑥ 设置其【宽度】和【长度】变形都为"93%"。

⑦ 以每设置一步，变形数值降低"3.5%"的方式类推设置其他图层上元件的【宽度】和【长度】变形。

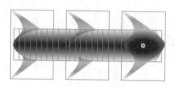

图6-23 调整坐标

图6-24 调整鱼体大小

要点提示 在 Flash 中输入数值时，可以直接使用算术运算，例如，在输入框中输入"93-3.5"，按回车键将直接设置为"89.5"。

(11) 调整透明度，如图 6-25 所示。

① 选中"鳍 2"图层的"鳍"元件。

② 在【属性】面板的【色彩效果】卷展栏中单击【样式】后面的下拉列表框，选择【Alpha】选项，设置其【Alpha】值为"95%"。

③ 选中"身 10"图层的"身"元件，设置其【Alpha】值为"90%"。

④ 以每步递减"5"的方式设置其他图层上元件的【Alpha】值。

图6-25 依次降低透明度

(12) 放置元件，如图 6-26 所示。

① 在"鳍 1"图层上新建图层并重命名为"头"层。

② 将【库】面板中的"头"元件拖曳到"头"图层上释放。

③ 设置其 x、y 位置分别为"215""200"。

> **要点提示**　鱼儿制作完成，请读者将构成鱼儿的各个元件全部选中，然后拉出一条标尺线，观察所有元件的"变形中心"是否都在同一条直线上。如果没有，请动手调节到图 6-27 所示的效果。

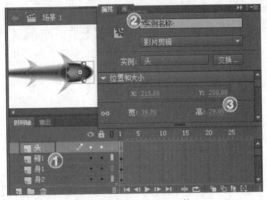

图6-26　放置"鱼头"元件

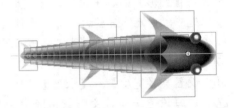

图6-27　检查元件是否在同一直线上

2.　设置场景。

(1)　放置背景图片，如图 6-28 所示。

①　在"鳍 3"图层下面新建图层并重命名为"背景"层。

②　将【库】面板中的"荷塘-背景.jpg"拖曳到"背景"图层上。

③　设置其 x、y 坐标都为"0"。

④　在【属性】面板的【位置和大小】卷展栏中设置其【宽】、【高】分别为"520""740"。

(2)　放置前景图片，如图 6-29 所示。

①　在"头"图层上面新建图层并将其重命名为"前景"层。

②　将【库】面板中的"荷塘-前景.jpg"拖曳到"背景"图层上。

③　设置其 x、y 坐标都为"0"。

④　在【属性】面板的【位置和大小】卷展栏中设置其【宽】、【高】分别为"520""740"。

图6-28　放置背景图片

图6-29　放置前景图片

3.　制作引导层动画。

(1)　绘制引导路径，如图 6-30 所示。

①　将"前景"图层隐藏。

②　在"头"图层上新建图层并重命名为"路径"层。

③　按 Y 键启动【铅笔】工具。

④　在舞台上绘制一条曲线作为引导路径。

（2）调整位置和方向，如图 6-31 所示。

① 将组成鱼儿的全部元件选中。

② 移动其位置到路径的起始端，并注意其"变形中心"一定要在引导线上。

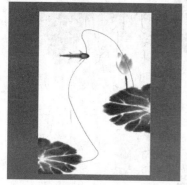

图6-30　绘制路径

图6-31　将鱼儿放置到路径的起始端

（3）设置关键帧，如图 6-32 所示。

① 在所有图层的第 600 帧处插入关键帧。

② 在第 600 帧处将组成鱼儿的全部元件选中。

③ 将其放置在路径的结束端。

（4）创建补间动画并设置引导层，如图 6-33 所示。

① 在组成鱼儿元件所在图层的第 1 帧～第 600 帧之间创建传统补间动画。

② 在"路径"图层上单击鼠标右键，在弹出的快捷菜单中选择【引导层】命令，将该图层转化为引导层。

③ 将所有组成鱼儿的元件所在的层拖曳至图层"路径"下面，使其成为被引导层。

图6-32　将鱼儿放置到路径的结束端

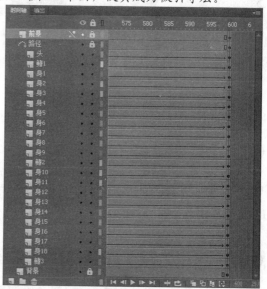

图6-33　图层信息

(5)　按 Enter 键观看影片，发现鱼儿元件在路径上的运动十分生硬，没有鱼儿游动的效果，如图 6-34 所示。

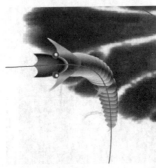

图6-34　动画效果

(6)　设置补间选项，如图 6-35 所示。

①　选中组成鱼儿的所有元件所在层的第 1 帧。

②　在【属性】面板的【补间】卷展栏中选择【调整到路径】复选项。

图6-35　调整到路径

(7)　按 Enter 键观看影片，现在鱼儿元件在路径上的运动已经比较自然生动，如图 6-36 所示。

图6-36　动画效果

(8)　按 Ctrl+S 组合键保存影片文件，案例制作完成。

6.3　综合案例

本节将通过两个综合案例介绍引导层动画的制作方法和技巧。

6.3.1　学以致用——制作"街头篮球"

篮球是目前世界上最受欢迎的体育项目之一。本案例将利用引导层动画来制作一个投篮效果，其设计思路及效果如图 6-37 所示。

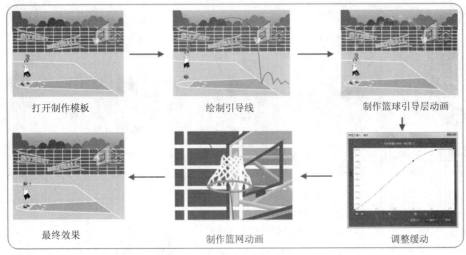

打开制作模板　　　　　　　　　绘制引导线　　　　　　　　　　制作篮球引导层动画

最终效果　　　　　　　　　　制作篮网动画　　　　　　　　　　调整缓动

图6-37　设计思路及效果

【操作步骤】

1. 打开模板进行分析。

(1) 由于本案例讲解的重点是引导层动画，所以该动画中的场景、道具、人物等都由本书提供，并给出制作模板，读者只需完成引导层动画的相关部分。打开附盘文件"素材\第 6 章\制作"街头篮球"\街头篮球.fla"，如图 6-38 所示。

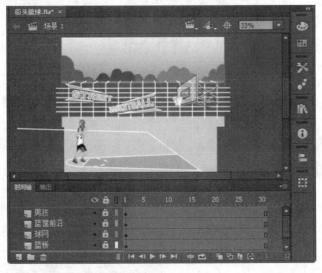

图6-38　打开模板

要点提示　双击场景中的"男孩"元件进入其元件内部，观察前 5 帧的动画，如图 6-39 所示。可以发现，当在第 4 帧时，男孩手中的篮球消失了，在第 5 帧处，男孩做出了一个投篮的动作，从而可以推断出，引导层动画应该从第 4 帧开始，并且篮球的位置要根据第 4 帧男孩的手的位置来确定。

第 1 帧

第 2 帧

第 3 帧

第 4 帧

第 5 帧

图6-39　男孩元件的前 5 帧动画

(2) 返回主场景观察整个舞台，如图 6-40 所示，可以发现篮球在运动过程中，要经过"男孩的手""篮筐""球网" 3 个图形，所以根据视角分析，可以判定引导层应该创建在"男孩""篮筐前沿""球网" 3 个元件所在图层的下面，且在"篮板""地板""篮筐后沿" 3 个元件所在图层的上面。

图6-40　图层分析

2. 制作引导层动画。

(1) 将所有图层锁定，在"篮板"图层上新建图层并将其重命名为"引导层"，根据前面的分析，在时间轴的第 4 帧处插入关键帧，如图 6-41 所示。

(2) 在"引导层"的第 4 帧处，利用【线条】工具 和【选择】工具 ，将【属性】面板中的【笔触颜色】设为"红色"，【笔触高度】设为"1"，绘制出篮球运动的轨迹，如图 6-42 所示。

> 要点提示　读者在绘制篮球路径曲线时，应尽量发挥想象，将篮球的真实飞行轨迹描绘出来。

图6-41　新建引导层

图6-42　绘制引导线

(3) 在"引导层"图层下面新建图层并重命名为"篮球"层，在第 4 帧处插入关键帧，然后将"篮球"元件从【库】面板中拖曳到"篮球"图层上，如图 6-43 所示。

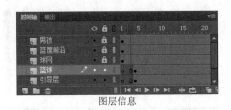
图层信息

添加"篮球"元件

图6-43　创建篮球图层

(4) 在"篮球"图层的第30帧处插入关键帧，在第4帧～第30帧之间创建传统补间。

(5) 将【贴紧至对象】 按钮按下，利用【选择】工具 设置篮球在第4帧的位置到引导线的最左端，设置第30帧的位置到引导线的最右端，并确保"篮球"元件的"变形中心"一定要在引导线上，效果如图6-44所示。

第1帧处篮球的位置

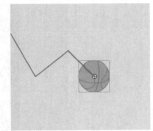
第30帧处篮球的位置

图6-44　设置篮球的位置

(6) 将"篮球"图层移至"引导层"图层下面，用鼠标右键单击【引导层】图层，在弹出的快捷菜单中选择【引导层】命令，将其转化为引导层。

(7) 将"篮球"图层拖曳到"引导层"图层的下面，将其转化为被引导层，如图6-45所示。

图6-45　创建引导层动画

要点提示 创建引导层动画完毕，测试影片如果发现篮球并未按照引导层上的路径运动，则可以重点检查"篮球"元件的"变形中心"是否在引导线上。

3. 完善引导层动画。

(1) 按 Ctrl+Enter 组合键测试观看影片，发现篮球在运动过程中显得十分僵硬，没有速率变化，和真实的篮球运动差别很大，则需要对其进行缓动设置。

(2) 选中"篮球"图层上的第4帧，在【属性】面板中单击 按钮，如图6-46所示，打开【自定义缓入/缓出】对话框，将曲线调整至如图6-47所示的效果。

图6-46　【属性】面板

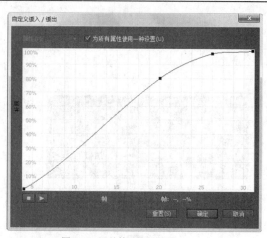

图6-47　调整篮球运动速率

(3) 通常情况下，篮球在被投射出去之后，还会具有相对于投球人手的反转运动，所以在【属性】面板中设置【旋转】属性为【逆时针】，【次】为"5"，如图 6-48 所示。

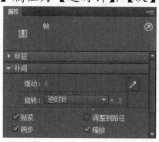

图6-48　设置旋转动画

(4) 再次测试观看影片，篮球的运动真实了，但是发现篮球在穿越"球网"的时候球网没有任何的动作，这不符合实际情况，如图 6-49 所示。

第 13 帧处篮球的位置

第 14 帧处篮球的位置

图6-49　篮球穿越效果

(5) 通常情况下，球在穿越球网的时候，球网都会由于惯性和自身弹性反弹起来，所以需要在"球网"图层的第 13 帧、第 14 帧和第 15 帧处插入关键帧，并调整第 14 帧处的球网形状，最后得到如图 6-50 所示的效果。

第 13 帧处球网的形状

第 14 帧处球网的形状

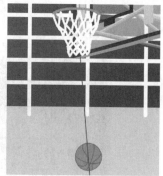

第 15 帧处球网的形状

图6-50　球网动态效果

(6)　保存测试影片，可以看到一个十分真实、完美的街头篮球效果，此案例制作完成。

6.3.2　举一反三——制作"鹊桥相会"

在中国流传着一个神话——美丽的织女和忠厚的牛郎相隔银河两岸，他们彼此深爱对方，但每年只能通过喜鹊搭桥才能见上一面。本案例将通过引导层动画来实现这一感人的场景，从而进一步带领读者学习并掌握引导层动画的制作思路和方法，其操作思路和效果如图6-51 所示。

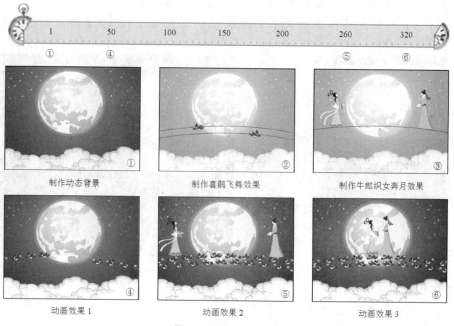

图6-51　操作思路及效果

【操作步骤】

1.　设置场景。

(1)　新建一个 Flash 文档。

(2)　设置文档属性，【舞台大小】为"500×400"像素，如图 6-52 所示。

(3)　新建图层，如图 6-53 所示。

① 连续单击 ▣ 按钮新建 3 个图层。

② 重命名各图层。

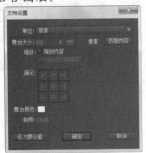

图6-52　设置文档参数

图6-53　新建图层

2. 导入素材制作背景。

(1) 打开外部库获取素材，如图 6-54 所示。

① 执行【文件】/【导入】/【打开外部库】命令，打开【打开】对话框。

② 双击打开附盘文件"素材\第 6 章\鹊桥相会\外部库\素材.fla"。

③ 将外部库中所有的元件和文件夹都复制粘贴到当前【库】面板中。

(2) 制作动态背景，如图 6-55 所示。

① 选中"动态背景"图层的第 1 帧。

② 在【库】面板中将名为"动态背景"的元件拖曳到舞台中。

③ 在【属性】面板的【位置和大小】卷展栏中设置元件的【X】为"250"，【Y】为"200"。

图6-54　打开【外部库】获取素材

图6-55　制作动态背景

3. 制作喜鹊飞舞效果。

(1) 绘制引导线，如图 6-56 所示。

① 选中"喜鹊"图层的第 1 帧。

② 按 N 键启动【线条】工具。

③ 在舞台中绘制线条并细部调整为拱桥形状。

④ 选中绘制的线条，按 Ctrl 键拖动鼠标复制出一线条。

(2) 将线条转换为元件，如图 6-57 所示。

图6-56　绘制引导线

图6-57　将线条转换为元件

① 选中场景中的两条引导线。

② 按 F8 键打开【转换为元件】对话框。

③ 设置元件的【类型】为【影片剪辑】,【名称】为"飞舞的喜鹊"。

④ 单击 确定 按钮,完成转换。

⑤ 双击场景中转换后的元件,进入元件编辑状态。

要点提示 此处绘制的路径应尽量接近弯弯的拱桥形状。使用这样的引导线,做出的动画才能表现出桥的意境。

(3) 将线条分散到不同的图层,如图 6-58 所示。

① 选中场景中的两条引导线,单击鼠标右键,在弹出的快捷菜单中选择【分散到图层】命令,将两条线分散到不同的图层。

② 将"图层 1"图层重命名为"路径下"。

③ 新建一个名为"路径上"的图层。

④ 分别在"路径上"图层、"路径下"图层的第 220 帧处插入普通帧。

图6-58　将线条分散到不同的图层

要点提示 这里设计的场景是让喜鹊从两边进入舞台,"路径上"的喜鹊从舞台左边飞向右边,"路径下"的"喜鹊"从舞台右边飞向左边。

(4) 制作向右飞舞的喜鹊,如图 6-59 所示。

① 在"路径下"图层上面新建一个图层,并重命名为"喜鹊右"。

② 将"向右飞的喜鹊"元件拖曳到"喜鹊右"图层。

③ 在"喜鹊右"图层的第 1 帧处调整元件在最上面的引导线的左端。

④ 在"喜鹊右"图层的第 220 帧处插入一个关键帧,并调整元件在引导线的右端。

⑤ 在"喜鹊右"图层的第 1 帧~第 220 帧之间创建传统补间动画。

⑥ 将"路径上"图层转化为引导层,将"喜鹊右"图层转化为其被引导层。

(5) 制作向左飞舞的喜鹊，如图 6-60 所示。

① 在"路径下"图层上面新建一个名为"喜鹊左"的图层。

② 将"喜鹊左"图层拖曳至"路径下"图层的下面。

③ 将"向左飞的喜鹊"元件拖曳到"喜鹊左"图层中。

④ 在"喜鹊左"图层的第 1 帧处调整元件在下面引导线的右端。

⑤ 在"喜鹊左"图层的第 220 帧处插入一个关键帧，并调整元件在引导线的左端。

⑥ 在"喜鹊左"图层的第 1 帧～第 220 帧之间创建传统补间动画。

⑦ 将"路径下"图层转化为引导层，将"喜鹊左"图层转化为其被引导层。

图6-59　制作向右飞舞的喜鹊　　　　图6-60　制作向左飞舞的喜鹊

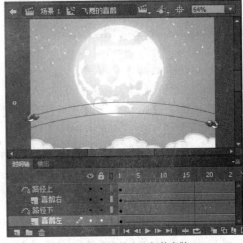

要点提示　设置元件位置的时候一定要注意将元件的"变形中心"放到路径上，如果变形中心没有放置在路径上，引导层动画创建将会失败。

4. 制作鹊桥效果。

(1) 转换元件，如图 6-61 所示。

① 单击◄按钮，退出元件编辑，返回主场景。

② 选中"飞舞的喜鹊"元件。

③ 按 F8 键打开【转换为元件】对话框。

④ 设置元件的【类型】为【影片剪辑】，【名称】为"鹊桥效果"。

⑤ 单击 确定 按钮，完成转换。

⑥ 双击场景中转换后的元件，进入元件编辑状态。

(2) 制作连续的喜鹊飞舞效果，如图 6-62 所示。

① 在"图层 1"的第 200 帧处插入一个普通帧。

② 选中"鹊桥效果"元件，按 Ctrl+C 组合键复制该元件。

③ 在第 20 帧处插入关键帧，并在该帧处按 Ctrl+Shift+V 组合键粘贴该元件。

④ 使用相同的方法，每隔 20 帧插入关键帧并粘贴该元件直到第 200 帧。

要点提示　此操作是利用元件运行的时间差来制作喜鹊连续飞舞的效果。

图6-61　转换元件

图6-62　制作喜鹊连续飞舞的效果

(3)　添加代码，如图 6-63 所示。

①　新建一个图层并重命名为"代码"层。

②　在第 200 帧处插入一个关键帧。

③　选中第 200 帧，按 F9 键打开【动作】面板。

④　输入代码"stop();"。

图6-63　添加代码

5.　制作牛郎织女奔月动画。

(1)　绘制人物路径，如图 6-64 所示。

①　返回主场景，选中"牛郎织女"图层的第 1 帧。

②　绘制一条与"鹊桥"曲线相似的引导线。

③　将其转换为名为"牛郎织女"的影片剪辑元件。

④　双击元件，进入元件编辑状态。

(2)　新建图层，如图 6-65 所示。

①　将"图层 1"图层重命名为"路径"层。

②　在"路径"图层的第 320 帧处插入一个普通帧。

③　新建两个图层，依次命名为"牛郎"层和"织女"层。

④　将"牛郎"图层和"织女"图层拖曳到"路径"图层的下面。

图6-64　绘制人物路径

图6-65　新建图层

（3） 制作牛郎奔月动画，如图 6-66 所示。

① 在"牛郎"图层的第 220 帧处插入一个关键帧。

② 将【库】面板中的"牛郎"元件拖曳到图层上。

③ 在【变形】面板中设置"牛郎"元件的【大小】为"30%"。

④ 按 Q 键启动【任意变形】工具，调整元件的中心点在元件的下端。

⑤ 移动"牛郎"元件至路径的右端。

⑥ 在第 320 帧处插入一个关键帧，移动"牛郎"元件在路径的中心偏右。

⑦ 在第 220 帧 ～ 第 320 帧之间创建传统补间动画。

（4） 用同样的方法制作织女奔月动画效果，如图 6-67 所示。

图6-66 制作牛郎奔月动画

图6-67 制作织女奔月动画

（5） 将"路径"图层转化为引导层，将"牛郎"和"织女"图层转化为被引导层，如图
6-68 所示。

图6-68 转换引导层

（6） 添加代码，如图 6-69 所示。

① 新建一个图层并重命名为"代码"层。

② 在第 320 帧处插入一个关键帧。

③ 选中第 320 帧，按 F9 键打开【动作】面板。

④ 输入代码"stop();"。

（7） 添加声音，如图 6-70 所示。

① 单击 ← 按钮，退出元件编辑，返回主场景。

② 执行【文件】/【导入】/【导入到库】命令，打开【导入到库】对话框。

③ 双击导入附盘文件"素材\第 6 章\鹊桥相会\声音\ this love.mp3"到【库】面板中。

④ 选中"背景音乐"图层的第 1 帧。

⑤ 在【属性】面板的【声音】卷展栏中设置声音的【名称】为"this love.mp3"。

⑥ 设置声音的【同步】为【事件】和【循环】。

图6-69　添加代码

图6-70　添加声音

6.　按 Ctrl + S 组合键保存影片文件，案例制作完成。

6.4　学习辅导——绘制平滑曲线

在制作引导层动画时，一般情况下由于对引导线的精度要求并不是太高，因此可以使用【铅笔】工具进行快速绘制。但在默认情况下，使用【铅笔】工具绘制的曲线往往很粗糙，从而影响动画效果。使用以下方法可以使绘制的曲线变得平滑。

1. 按 Y 键启动【铅笔】工具。
2. 使用默认设置在舞台中绘制一条曲线。
3. 在工具栏底部单击 S 按钮，在弹出的快捷菜单中选择【平滑】命令。
4. 再次在舞台中绘制一条曲线，根据绘制结果可以明显看出曲线变得更加平滑。

   操作效果如图 6-71 所示。

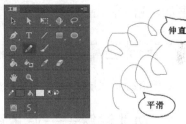

图6-71　绘制平滑曲线

6.5　习题

1. 引导层动画的原理是什么？
2. 制作引导层动画至少需要几个图层？
3. 选择【调整到路径】复选项对引导层动画有什么影响？
4. 使用一个简单的元件练习引导层动画制作原理。
5. 使用引导层动画原理制作一个蝴蝶戏花场景效果，如图 6-72 所示。

图6-72　蝴蝶戏花场景效果

第7章　制作遮罩层动画

【学习目标】
- 掌握遮罩层动画的创建方法和原理。
- 掌握利用遮罩层动画制作特殊效果的方法。
- 学习利用遮罩层动画表达艺术创意。

遮罩（MASK）又称作蒙版，其技术实现至少需要两个图层相互配合，透过上一图层的图形显示下面图层的内容。由于这种技术实现形式较特殊，使得遮罩动画成为 Flash 动画中的重要组成部分。在实现一些特殊动画效果时常用到遮罩层动画。

7.1　掌握遮罩层动画制作原理

在开始对遮罩层动画进行案例分析之前，首先来学习遮罩层动画的创建方法及其原理。

7.1.1　功能讲解——遮罩层动画原理

与普通层不同，在具有遮罩层的图层中，只能透过遮罩层上的形状，才可以看到被遮罩层上的内容。

如在"图层 1"上放置一幅背景图，在"图层 2"上绘制一个多边形。在没有创建遮罩层之前，多边形遮挡了与背景图重叠的区域，如图 7-1 所示。

将"图层 2"转换为遮罩层之后，可以透过遮罩层（"图层 2"）上的多边形看到被遮罩层（"图层 1"）中与多边形重叠的区域，如图 7-2 所示。

由于遮罩这一特殊的技术实现形式，使得遮罩在制作需要显示特定图形区域的动画中有着极其重要的作用。例如，水流效果和光影效果等，都是遮罩的经典应用。

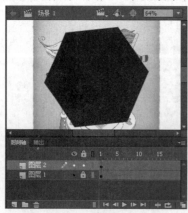

图7-1　遮罩前的效果

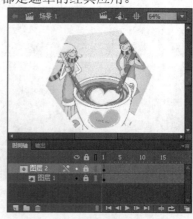

图7-2　遮罩后的效果

要点提示	遮罩层中的对象必须是色块、文字、符号、影片剪辑元件（MovieClip）、按钮或群组对象，而被遮层中的对象不受限制。

7.1.2　范例解析——制作"精美云彩文字效果"

使用遮罩层动画可以制作出丰富的文字特效，本案例将制作一个精美的云彩文字效果，操作思路及效果如图 7-3 所示。

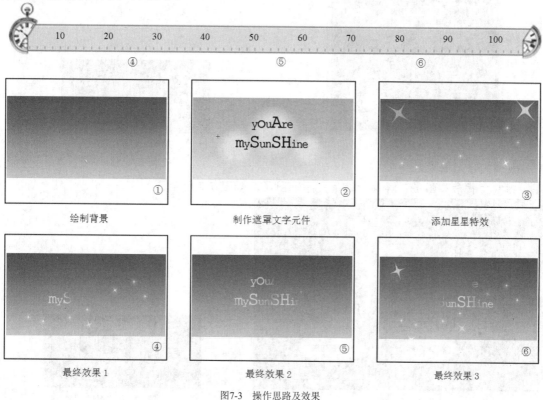

图7-3　操作思路及效果

【操作步骤】

1.　绘制背景。

(1)　新建一个 Flash 文档。

(2)　设置文档属性，【舞台大小】为"400×200"像素，如图 7-4 所示。

(3)　新建图层，如图 7-5 所示。

①　连续单击 按钮新建图层。

②　重命名各图层。

③　锁定除"背景"以外的图层。

④　单击"背景"图层的第 1 帧。

(4)　绘制背景，如图 7-6 所示。

①　按 R 键启用【矩形】工具。

②　在【颜色】面板中设置笔触颜色为 。

③　设置填充颜色【类型】为【线性渐变】。

④　设置色块颜色，绘制矩形。

⑤　按 Ｆ 键启用【渐变变形】工具调整渐变形状。

⑥　在【属性】面板中设置矩形的位置和大小：【X】、【Y】均为 "0"，【宽】为 "400"，【高】为 "200"。

图7-4　设置文档参数

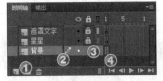

图7-5　新建图层

2.　制作文字动画效果。

(1)　锁定 "背景" 图层，解锁 "遮罩文字" 图层，如图 7-7 所示。

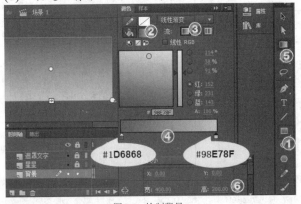

图7-6　绘制背景

图7-7　锁定图层

(2)　输入字母，如图 7-8 所示。

①　按 Ｔ 键启用【文本】工具。

②　设置文本【字体】为 "Monotype Corsiva"（读者可以设置为自己喜欢的字体或者自行购买外部字体库）。

③　输入文本 "you Are mySunSHine"。

④　对单个文字的大小进行调整，在【属性】面板中设置文字的位置：【X】为 "102"，【Y】为 "34.7"，【宽】为 "185.8"。

(3)　创建 "遮罩文字" 元件，如图 7-9 所示。

①　确认舞台上的文字处于被选中状态。

②　按 Ｆ8 键打开【转换为元件】对话框。

③　设置元件的名称和类型。

④　单击 确定 按钮完成创建。

图7-8　输入字母

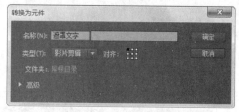

图7-9　创建"遮罩文字"元件

(4)　新建图层,如图 7-10 所示。

①　双击进入"遮罩文字"元件编辑状态。

②　重命名"图层 1"为"文字"图层。

③　新建图层并将其重命名为"图形"图层。

④　将"图形"图层拖曳到"文字"图层下面。

⑤　单击激活"图形"图层的第 1 帧。

(5)　绘制图形元件,如图 7-11 所示。

①　按 O 键启用【椭圆】工具。

②　在【颜色】面板中设置颜色【类型】为【径向渐变】。

③　设置色块颜色。

④　在【工具】栏下方单击 按钮启用【对象绘制】功能。

⑤　按 Shift 键绘制 3 个圆。

图7-10　新建图层

图7-11　绘制图形元件

(6)　创建"图形"元件,如图 7-12 所示。

①　按 V 键启用【选择】工具。

②　同时选中绘制的 3 个圆。

③　按 F8 键打开【转换为元件】对话框。

④　设置元件的名称和类型。

⑤　单击 确定 按钮完成创建。

(7)　图层操作，如图 7-13 所示。

① 在"文字"和"图形"图层的第 110 帧处插入帧。

② 在"图形"图层的第 100 帧处插入关键帧。

③ 在第 100 帧处将"图形"元件水平移动到文字的左侧。

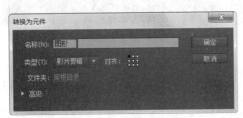

图7-12　创建"图形"元件

图7-13　图层操作

(8)　创建遮罩层动画，如图 7-14 所示。

① 在"图形"图层的第 1 帧～第 100 帧之间创建传统补间动画。

② 用鼠标右键单击【文字】图层，弹出快捷菜单。

③ 选择【遮罩层】命令，将"图形"图层转换为遮罩层。

图7-14　创建遮罩层动画

3.　添加特效。

(1)　单击 ← 按钮，返回主场景。

(2)　锁定"遮罩文字"图层，取消锁定"星星"图层，如图 7-15 所示。

(3)　导入"星星"元件，如图 7-16 所示。

① 执行【文件】/【导入】/【打开外部库】命令，打开【打开】对话框。

② 双击打开附盘文件"素材\第 7 章\精美云彩文字效果\星星.fla"。

③ 将外部库中的"星星"元件拖曳到"星星"图层。

④ 在【属性】面板中设置星星元件的位置和大小：【X】为"120.45"，【Y】为"53.3"，【宽】为"24.5"，【高】为"25.45"。

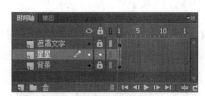

图7-15 解锁图层

图7-16 导入"星星"元件

4. 按 Ctrl+S 组合键保存影片文件，案例制作完成。

7.1.3 提高训练——制作"塔桥下的湖面"

使用遮罩层动画可以制作出许多特效，其中典型的如水流特效，它很好地展示了遮罩层动画的应用。本案例将制作湖面水流动画，操作思路及效果如图 7-17 所示。

图7-17 操作思路及效果

【操作步骤】

1. 布置场景。
(1) 打开制作模板，如图 7-18 所示。
   按 Ctrl+O 组合键打开附盘文件"素材\第 7 章\塔桥下的湖面\塔桥下的湖面-模板.fla"。
   模板主场景中已为案例制作布置好背景。
(2) 新建图层，如图 7-19 所示。
① 双击舞台上的图形元件进入元件编辑状态。
② 单击两次 按钮新建图层。
③ 重命名各图层。
(3) 放置湖面，如图 7-20 所示。
① 选中"湖面"图层。
② 按 Ctrl+L 组合键打开【库】面板，将"湖面.png"图片放置到舞台。
③ 在【属性】面板的【位置和大小】卷展栏中设置【X】为"–503"，【Y】为"–254"。

189

图7-18　打开制作模板

图7-19　新建图层

图7-20　放置湖面

要点提示　"湖面"图片必须与背景中的湖面错开一定位置，这样才能产生图像跳动的动画。

2.　制作遮罩。

(1)　绘制遮罩用形状，如图 7-21 所示。

① 选中"遮罩"图层。

② 按 R 键启用【矩形】工具。

③ 在【属性】面板的【填充和笔触】卷展栏中设置【笔触颜色】为"无"，填充为纯白色。

④ 绘制高为 4、宽为 1006 的矩形，选择矩形，在【属性】面板的【位置和大小】卷展栏中设置矩形的位置：【X】为"0"，【Y】为"326"。

⑤ 复制矩形，调整各矩形的位置。

图7-21　绘制遮罩用形状

绘制遮罩图形是制作遮罩动画的关键步骤。本案例中需要条纹型遮罩模拟水的流动效果，两条纹之间空隙的高度应大致等于条纹的高度，这样才能使图案的跳动更为逼真。案例中，笔者共制作了 22 条矩形条纹，顶部条纹与底部条纹的距离差为 "174"。读者可以运用【对齐】工具调整条纹位置。

(2) 制作遮罩用元件，如图 7-22 所示。

① 选中所有条纹。

② 按 F8 键打开【转换为元件】对话框。

③ 设置元件的名称及类型，

④ 单击 确定 按钮。

(3) 设置遮罩层动画，如图 7-23 所示。

① 移动时间滑块至第 1 帧。

② 在【属性】面板中设置 "遮罩" 元件的位置：【X】为 "–503"，【Y】为 "73"。

③ 在 "遮罩" 图层的第 10 帧处插入关键帧。

④ 在【属性】面板中设置 "遮罩" 元件的位置：【X】为 "–503"，【Y】为 "80.15"。

⑤ 为 "遮罩" 图层的第 1 帧～第 10 帧之间创建传统补间动画。

图7-22　制作遮罩用元件

图7-23　设置遮罩层动画

读者需明白，水流效果是依靠遮罩条纹的上下移动而产生的，水流效果的逼真程度与遮罩条纹的移动程度息息相关，读者可根据此原理多作调整。

(4) 设置遮罩层，如图 7-24 所示。

① 用鼠标右键单击 "遮罩" 图层。

② 在弹出的快捷菜单中选择【遮罩层】命令。

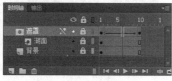

图7-24　设置遮罩层

(5) 按 Ctrl+S 组合键保存影片文件，案例制作完成。

7.2　制作多层遮罩动画

通过前面的学习，相信读者已经掌握了遮罩层动画的创建方法和设计原理。本节将利用多层遮罩来制作较复杂的 Flash 动画。

7.2.1 功能讲解——多层遮罩动画原理

将普通图层拖曳到遮罩层或被遮罩层的下面，即可将普通图层转化为其被遮罩层，在一组遮罩中，遮罩层只能有一个，而被遮罩层可以有多个，如图 7-25 所示。其中"图层 8"为遮罩层，其余的所有图层都是被遮罩层。

图7-25　多层遮罩

多层遮罩的创建原理十分简单，但是要利用多层遮罩动画做出精美的动画作品应该注意以下几点。

(1) 从现实生活中寻找创作灵感。

(2) 使用遮罩层动画来模拟表达创意。

(3) 多种动画技术结合使用。

(4) 在制作过程中不断完善自己的作品。

7.2.2 范例解析——制作"星球旋转效果"

使用多层遮罩层动画还可以制作出超炫的三维球体旋转效果，本案例将制作一个模拟地球旋转的动画，操作思路及效果如图 7-26 所示。

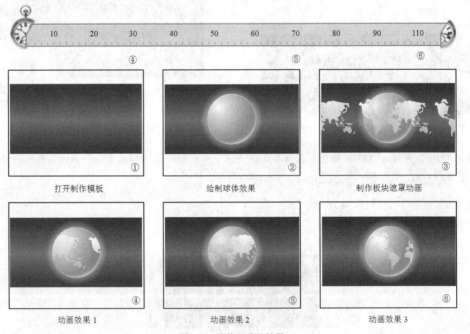

图7-26　操作思路及效果

【操作步骤】

1. 打开制作模板，如图 7-27 所示。

按 Ctrl+O 组合键打开附盘文件"素材\第 7 章\星球旋转效果\星球旋转效果-模板.fla"。模板主场景中已为案例制作布置好背景。

图7-27 打开制作模板

1. 绘制素材。

(1) 图层操作，如图 7-28 所示。

① 在所有图层的第 125 帧处插入帧。

② 在"繁星"图层之上创建新图层，重命名各图层。

③ 锁定除"球体效果"以外的所有图层。

④ 单击激活"球体效果"图层的任意一帧。

(2) 绘制球体，如图 7-29 所示。

① 按 O 键启用【椭圆】工具。

② 在【颜色】面板中设置颜色【类型】为【径向渐变】。

③ 设置色块颜色。

④ 按 Shift 键绘制一个圆形，在【属性】面板中设置圆形的大小和位置：【X】为 "175"，【Y】为 "37.5"，【宽】为 "200"，【高】为 "200"。

⑤ 按 F 键启用【渐变变形】工具。

⑥ 调整圆的渐变变形，使其具有球体效果。

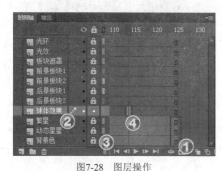

图7-28 图层操作

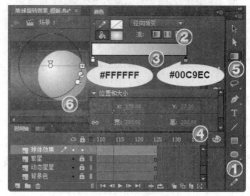

图7-29 绘制球体

(3) 图层操作，如图 7-30 所示。

① 锁定"球体效果"图层。

② 取消锁定"光效"图层。

③ 单击选中"球体效果"图层的任意一帧，按 Ctrl+Alt+C 组合键复制该帧。

④ 单击选中"光效"图层的第 1 帧，按 Ctrl+Alt+V 组合键将复制内容粘贴到该帧。

(4) 调整光效，如图 7-31 所示。

① 按 F 键启用【渐变变形】工具。

② 选中 "光效" 图层上的圆形，在【颜色】面板中设置色块颜色和位置。

③ 调整渐变变形形状，使其符合球体的反光效果。

图7-30　图层操作

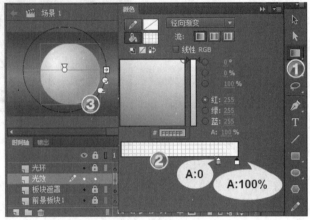

图7-31　调整光效

(5) 图层操作，如图 7-32 所示。

① 取消锁定 "光环" 图层。

② 单击选中 "光效" 图层的任意一帧，按 Ctrl+Alt+C 组合键复制该帧。

③ 单击选中 "光环" 图层的第 1 帧，按 Ctrl+Alt+V 组合键将复制内容粘贴到该帧。

④ 锁定 "光效" 图层。

(6) 调整光环圆的大小，如图 7-33 所示。

① 按 Q 键启用【任意变形】工具。

② 按住 Shift+Alt 组合键，使用鼠标拖放图形。

图7-32　图层操作

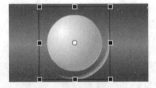

图7-33　调整光环圆的大小

(7) 调整光环效果，如图 7-34 所示。

① 按 F 键启用【渐变变形】工具。

② 选中 "光环" 图层上的圆形，在【颜色】面板设置色块的颜色和位置。

③ 调整渐变变形形状，使其符合球体的发光效果。

2. 制作球体旋转效果。

(1) 图层操作，如图 7-35 所示。

① 锁定 "光环" 图层，取消锁定 "板块遮罩" 图层。

② 单击选中 "光效" 图层的任意一帧，按 Ctrl+Alt+C 组合键复制该帧。

③ 单击选中 "板块遮罩" 图层的第 1 帧，按 Ctrl+Alt+V 组合键将复制内容粘贴到该帧。

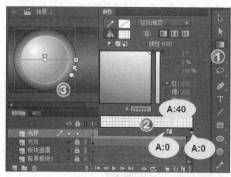

图7-34　调整光环效果

图7-35　图层操作

(2)　锁定"板块遮罩"图层，取消锁定"前景板块1"，如图7-36所示。

图7-36　图层操作

(3)　制作"前景板块1"动画，如图7-37所示。

①　将【库】面板中的"地球板块"元件拖曳到"前景板块1"图层上释放。

②　在【属性】面板中设置元件的位置：【X】为"205"，【Y】为"140"。

③　在"前景板块1"图层的第125帧处插入关键帧。

④　在第125帧处设置"前景板块1"元件的位置：【X】为"525"，【Y】为"140"。

⑤　在第1帧～第125帧之间创建传统补间动画。

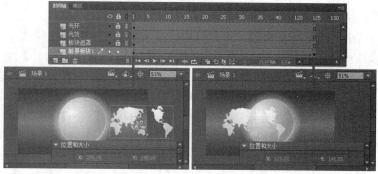

图7-37　制作"前景板块1"动画

(4)　图层操作，如图7-38所示。

①　锁定"前景板块1"图层。

②　取消锁定"前景板块2"图层。

③　在"前景板块2"的第50帧处插入关键帧。

图7-38　图层操作

(5)　制作"前景板块2"动画，如图7-39所示。

① 在"前景板块 2"图层的第 50 帧处，将"地球板块"元件从【库】中拖曳到舞台。

② 在【属性】面板中设置元件的位置：【X】为"25"，【Y】为"140""。

③ 在"前景板块 2"图层的第 125 帧处插入关键帧。

④ 在第 125 帧处设置"前景板块 2"元件的位置：【X】为"205"，【Y】为"140"。

⑤ 在第 50 帧～第 125 帧之间创建传统补间动画。

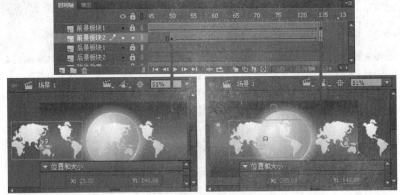

图7-39　制作"前景板块 2"动画

(6) 锁定"前景板块 2"，取消锁定"后景板块 1"，如图 7-40 所示。

图7-40　图层操作

(7) 制作"后景板块 1"动画，如图 7-41 所示。

① 将【库】面板中的"地球板块"元件拖曳到"后景板块 1"图层上释放。

② 确认"地球板块"元件被选中，执行【修改】/【变形】/【水平翻转】命令，将"地球板块"元件翻转。

③ 在【属性】面板中设置元件的位置（【X】为"220"，【Y】为"140"）和色彩效果（【xA+】为"-242"，【xR+】为"0"，【xG+】为"60"，【xB+】为"134"）。

④ 在"后景板块 1"图层的第 125 帧处插入关键帧。

⑤ 在第 125 帧处设置"地球板块"元件的位置：【X】为"23"，【Y】为"140"。

⑥ 在第 1 帧～第 125 帧之间创建传统补间动画。

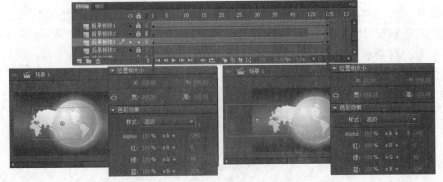

图7-41　制作"后景板块 1"动画

(8) 锁定"后景板块1",取消锁定"后景板块2",如图7-42所示。

图7-42　图层操作

(9) 制作"后景板块2"动画,如图7-43所示。

① 选中"后景板块1"图层的第125帧。

② 按 Ctrl+Alt+C 组合键复制该帧。

③ 单击选中"后景板块2"图层的第15帧,插入关键帧。

④ 按 Ctrl+Alt+V 组合键将复制内容粘贴到该帧。

⑤ 在【属性】面板中设置元件的位置:【X】为"520",【Y】为"140"。

⑥ 在"后景板块2"图层的第125帧处插入关键帧。

⑦ 在第125帧处设置"地球板块"元件的位置:【X】为"220",【Y】为"140"。

⑧ 在第15帧~第125帧之间创建传统补间动画。

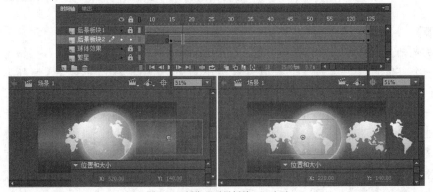

图7-43　制作"后景板块2"动画

(10) 创建遮罩层动画,如图7-44所示。

① 在"板块遮罩"图层上单击鼠标右键,在弹出的快捷菜单中选择【遮罩层】命令,创建遮罩层动画。

② 用鼠标拖曳"前景板块2""后景板块1""后景板块2"图层至"板块遮罩"图层下面,转换为被遮罩层。

③ 按 Ctrl+Enter 组合键测试播放影片即可预览效果。

图7-44　创建遮罩层动画

(11) 按 Ctrl+S 组合键保存影片文件,案例制作完成。

197

7.2.3　提高训练——制作"梦幻卷轴展开效果"

本例将进一步利用多层遮罩来制作一个卷轴展开的美丽效果，其制作方法及效果如图7-45 所示。

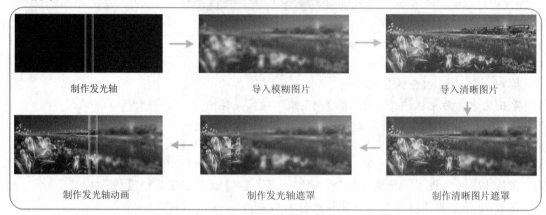

| 制作发光轴 | 导入模糊图片 | 导入清晰图片 |
| 制作发光轴动画 | 制作发光轴遮罩 | 制作清晰图片遮罩 |

图7-45　制作方法及效果

【操作步骤】

1. 制作发光轴。

(1) 新建一个 Flash 文档，设置文档【舞台大小】为"650×250"像素，【帧频】为"30" fps，【颜色】为"黑色"，其他属性保持默认设置。

(2) 新建一个影片剪辑元件，并命名为"发光轴"，单击 确定 按钮，进入"发光轴"元件内部进行编辑。

(3) 利用【矩形】工具 绘制一个矩形，设置其【宽】、【高】分别为"40""250"，位置坐标【X】、【Y】均为"0"，在【颜色】面板中设置其【笔触颜色】为"无"，【填充颜色】为【线性渐变】，如图 7-46 所示。从左至右第 1 个色块为"白色"且【Alpha】为"50%"，第 2 个色块为"白色"且【Alpha】为"0%"，第 3 个色块为"白色"且【Alpha】为"0%"，第 4 个色块为"白色"且【Alpha】为"50%"。

图7-46　绘制发光轴

至此，发光轴效果制作完成，返回主场景。

2. 导入图片素材。

(1) 将主场景中的默认图层 1 重命名为"模糊图片"。

(2) 选中"模糊图片"图层的第 1 帧，执行【文件】/【导入】/【导入到舞台】命令，将附盘文件"素材\第 7 章\梦幻卷轴展开效果\模糊图片.jpg"导入到舞台中，如图 7-47 所示，此时图片刚好覆盖整个舞台。

(3) 在"模糊图片"图层的第 190 帧处插入帧。

(4) 在"模糊图片"图层上新建一个图层，并将其重命名为"清晰图片 1"，选中该图层的第 1 帧，执行【文件】/【导入】/【导入到舞台】命令，将附盘文件"素材\第 7 章\梦幻卷轴展开效果\清晰图片.jpg"导入到舞台中，效果如图 7-48 所示，此时图片刚好覆盖整个舞台。

图7-47 导入模糊图片

图7-48 导入清晰图片

3. 制作遮罩动画 1。

(1) 在"清晰图片 1"图层上新建一个图层，并将其重命名为"清晰图片遮罩"，再将"模糊图片"和"清晰图片 1"两个图层锁定，如图 7-49 所示。

(2) 在"清晰图片遮罩"图层上利用【矩形】工具 ▢ 绘制一个矩形，设置其【笔触颜色】为"无"，【填充颜色】为"蓝色"，宽、高为"1×250"，位置坐标 x、y 都为"0"。

(3) 在"清晰图片遮罩"图层的第 150 帧处插入关键帧，将矩形的宽、高设置为"650×250"，图片刚好覆盖整个舞台，如图 7-50 所示。

图7-49 新建图层

图7-50 修改矩形形状

(4) 在"清晰图片遮罩"图层的第 1 帧~第 150 帧之间创建补间形状动画，然后将"清晰图片遮罩"图层转化为遮罩层，如图 7-51 所示。

(5) 单击"清晰图片遮罩"图层上第 1 帧~第 150 帧之间的任意一帧，在【属性】面板中设置【缓动】参数为"50"，如图 7-52 所示。

图7-51　遮罩效果

图7-52　设置缓动参数

4.　制作遮罩效果 2。

(1)　在"清晰图片遮罩"图层上新建一个图层，并将其重命名为"清晰图片 2"，将"清晰图片.jpg"图片拖曳到该图层上，并设置其位置坐标 x、y 都为"0"，并利用【修改】/【变形】/【水平翻转】命令将图片翻转，如图 7-53 所示。

(2)　选中"清晰图片 2"图层上的"清晰图片.jpg"，按 F8 键将图片转换为影片剪辑元件，并命名为"清晰图片"。

(3)　设置"清晰图片"元件在第 1 帧的位置坐标 x、y 分别为"-610""0"，在"清晰图片 2"图层的第 150 帧处插入关键帧，并设置该帧处"清晰图片"元件的位置坐标 x、y 分别为"650""0"。在第 1 帧和第 150 帧之间创建传统补间动画，并设置【缓动】值为"50"。

(4)　在"清晰图片 2"图层上新建图层，并将其重命名为"轴遮罩"，将"发光轴"元件拖曳至该图层上，并设置其位置坐标 x、y 都为"0"，如图 7-54 所示。

图7-53　舞台效果

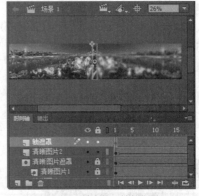

图7-54　轴在第一帧的位置

(5)　在"轴遮罩"层的第 150 帧处插入关键帧，并设置该帧处"发光轴"元件的位置坐标 x、y 分别为"610""0"，如图 7-55 所示。在第 1 帧和 150 帧之间创建传统补间动画，并设置【缓动】值为"50"。

(6)　在"轴遮罩"图层上新建图层并将其重命名为"发光轴"，将"轴遮罩"图层上的所有帧复制到"发光轴"图层上。

(7)　将"轴遮罩"图层转化为遮罩层，此时的图层效果如图 7-56 所示。

图7-55　轴在第150处的位置

图7-56　最终图层效果

(8) 保存测试影片，美丽的卷轴展开效果就制作完成了。

7.3　综合案例

本节将通过两个综合案例介绍遮罩层动画的制作方法与技巧。

7.3.1　学以致用——制作"影集切换效果"

现在的电子相册非常风行，使用 Flash 制作一个属于自己的电子相册是非常有趣的。本案例将使用遮罩动画来制作影集切换效果，操作思路及效果如图 7-57 所示。

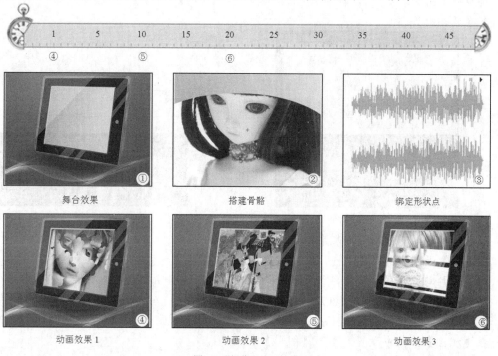

图7-57　操作思路及效果

【操作步骤】

1.　打开制作模板。

(1) 打开制作模板，如图 7-58 所示。

按 $\boxed{Ctrl}$+$\boxed{O}$ 组合键打开附盘文件"素材\第 7 章\影集切换效果\影集切换效果-模板.fla"。模板主场景中已为案例制作布置好舞台。在【库】面板中已有案例所需素材。

(2) 取消锁定"相册效果"图层，如图 7-59 所示。

图7-58　打开制作模板

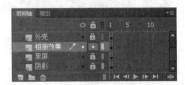

图7-59　取消锁定"相册效果"图层

2. 编辑"相册效果"元件。

(1) 双击舞台上的"相册效果"元件，进入"相册效果"元件内部进行编辑，如图 7-60 所示，其中"位置"图层上的图形可以方便用户匹配显示位置。

(2) 图层操作，如图 7-61 所示。

① 在"位置"图层的第 1200 帧处插入帧。

② 新建两个图层。

③ 重命名各图层。

图7-60　编辑"相册效果"元件

图7-61　图层操作

(3) 放置"图片 1"，如图 7-62 所示。

① 将【库】面板中的"图片 1"拖曳到"图片 1"图层上释放。

② 设置图片与舞台居中对齐，设置后"图片 1"刚好遮挡住"位置"图层上的图形。

(4) 放置"方案 1"元件，如图 7-63 所示。

① 将【库】面板中的"方案 1"元件拖曳到"遮罩 1"图层上。

② 在【属性】面板中设置类型为【图形】。

③ 在【循环】卷展栏中设置【选项】为【循环】。

④ 拖动时间滑块，观察舞台上"方案 1"元件的变化，到"方案 1"元件第一次循环结束处停止拖动（"方案 1"第一次循环结束在第 31 帧处）。

⑤ 在第 31 帧处调整舞台上"方案 1"元件的位置使其完全覆盖"位置"图层上的图形。

图7-62 放置"图片 1"

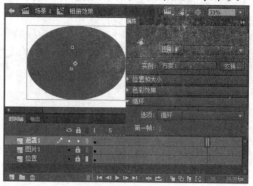

图7-63 放置"方案 1"元件

(5) 设置"方案 1"元件的属性，如图 7-64 所示。

① 在【属性】面板中设置元件类型为【影片剪辑】。

② 在"遮罩 1"图层的第 31 帧处插入空白关键帧。

图7-64 设置"方案 1"元件的属性

此处的操作有效地应用了"图形"元件和"影片剪辑"元件，使时间轴控制具有不同效果的特性。首先是通过利用"图形"元件具有跟随时间轴播放的特性来确定"方案 1"第一次循环结束的位置，而后将"图形"元件转化为"影片剪辑"元件是为了保证遮罩动画的正确性。读者可以尝试把在场景中的"方案"元件设置为"图形"元件后，再测试观察最终效果有何变化。

(6) 创建遮罩层动画，如图 7-65 所示。

① 在"遮罩 1"图层上单击鼠标右键，在弹出的快捷菜单中选择【遮罩层】命令，创建遮罩层动画。

② 按 Ctrl+Enter 组合键测试播放影片即可预览效果。

图7-65 创建遮罩层动画

(7) 新建图层，如图 7-66 所示。

① 在"遮罩1"图层之上新建两个图层。

② 将新建图层分别重命名为"图片2"和"遮罩2"。

③ 分别在"图片2"和"遮罩2"图层的第131帧处插入空白关键帧。

(8) 使用与制作"图片1"遮罩的方法，从第131帧处开始为"图片2"制作遮罩动画，图层及效果如图7-67所示。

图7-66　新建图层　　　　　　　图7-67　为"图片2"制作遮罩动画

(9) 通过制作"图片1"和"图片2"的方法制作其他图片的切换效果。注意每个图片和前一个图片的切换间隔帧数为100帧。

(10) 添加背景音乐，如图7-68所示。

① 选中"位置"图层的第1帧。

② 在【属性】面板的【声音】卷展栏中设置【名称】为"背景.mp3"。

③ 设置【同步】为【开始】。

图7-68　添加背景音乐

(11) 按 Ctrl+S 组合键保存影片文件，案例制作完成。

7.3.2　举一反三——制作"动态折扇"效果

折扇是古代文人的挚爱，一折一叠中尽显风流与才气。如何使用 Flash CC 来制作折扇效果呢？使用遮罩层动画是最好的选择。最终创建的结果如图7-69所示。

图7-69　最终效果展示

【操作步骤】

1.　折扇骨架制作。

(1)　新建一个 Flash CC 文档，文档属性使用默认参数。

(2)　绘制直线，如图 7-70 所示。

①　将默认"图层 1"重命名为"扇片"层。

②　绘制宽为"382"的直线。

③　设置直线的笔触高度为"3"，笔触颜色为"黑色"，笔触端点为"圆角"。

图7-70　设置【属性】面板

(3)　制作扇片。

①　将绘制的直线与舞台居中对齐。

②　单击 按钮，打开【变形】面板。

③　设置【旋转】角度为"22.5°"，连续 7 次单击【重制选区和变形】按钮 ，如图 7-71 所示。最终效果如图 7-72 所示。

图7-71　设置变形参数

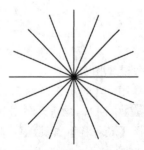

图7-72　制作扇片

(4)　新建图层。

① 重命名为"扇柄"层。

② 使用【选择】工具 将"扇片"层上的下半部分的 7 节直线选中，进行剪切，然后在 "扇柄"层中将图形粘贴到当前位置。

③ 隐藏"扇片"层，得到图 7-73 所示的效果。

(5) 绘制椭圆。

① 在"扇柄"层上利用【椭圆】工具 绘制一个椭圆。

② 设置椭圆的填充颜色为"无"，宽高为"40 像素×40 像素"。

③ 将其与舞台居中对齐，如图 7-74 所示。

图7-73　制作扇柄

图7-74　绘制椭圆

(6) 利用【选择】工具 选择删除圆形轮廓外面的多余线段，如图 7-75 所示。再利用【选 择】工具 选择删除圆，如图 7-76 所示。

图7-75　删除多余线段

图7-76　删除圆

2. 制作扇身。

(1) 绘制双圆。

① 隐藏"扇片"层和"扇柄"层。

② 新建图层并重命名为"扇身"层。

③ 选择【椭圆】工具 ，绘制填充颜色为"无"，宽高为"380 像素×380 像素"的圆 形，并与舞台居中对齐。

④ 绘制一个宽高为"190 像素×190 像素"的圆形，并与舞台居中对齐，如图 7-77 所示。

(2) 删除多余线段。

① 利用【直线】工具 绘制一条宽为"380"的直线，并与舞台居中对齐。

② 利用【选择】工具 选择并删除多余线段，如图 7-78 所示。

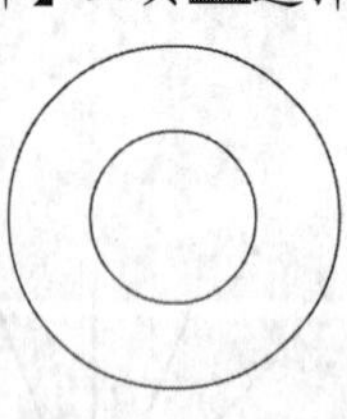

图7-77　绘制双圆

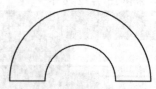

图7-78　删除多余线段

(3) 制作遮罩图形。

① 选择图 7-78 所示的图形，按 F8 键将图形转化为图形元件，并命名为"扇身"，单击 确定 按钮，双击元件进入元件内部进行编辑。

② 选择【颜料桶】工具 ，将图形内部填充黄色，再删除图形的边线，如图 7-79 所示。

(4) 导入图片。

① 新建"图层 2"，并将其拖曳到"图层 1"的下面。

② 执行【文件】/【导入】/【导入到舞台】命令，将附盘文件"素材\第 7 章\风景.bmp"导入到"图层 2"上，设置图片的宽高为"550 像素×400 像素"，放置图片相对"图层 1"上图形的位置如图 7-80 所示。

图7-79　制作遮罩图形

图7-80　导入图片

(5) 用鼠标右键单击"图层 1"，在弹出的快捷菜单中选择【遮罩层】命令，将"图层 1"转化为遮罩层，如图 7-81 所示。

图7-81　设置遮罩层

3. 完善折扇。

(1) 返回主场景，取消对全部图层的隐藏，得到图 7-82 所示的效果，图层顺序如图 7-83 所示。

图7-82　折扇效果

图7-83　图层顺序

(2) 通过观察会发现折扇的扇身没有一般纸质的半通透效果，所以选择主场景中的"扇身"，设置其【Alpha】值为"80%"，其属性设置如图 7-84 所示。

图7-84　设置纸质效果

207

(3)　绘制扇栓。

① 新建图层并重命名为"扇栓"层，将其拖动到所有图层的最顶端。

② 绘制一个宽高为"7 像素×7 像素"，颜色为"#D98719"，笔触为"无"的圆形，并与舞台居中对齐，如图 7-85 所示。

图7-85　真实折扇效果

4.　制作遮罩动画。

(1)　在所有图层的第 50 帧处插入帧，将除"扇柄"以外的全部图层隐藏，新建图层并将其重命名为"扇柄遮罩"层，将"扇柄遮罩"层拖曳到"扇柄"层的上面，此时，【时间轴】状态如图 7-86 所示。

(2)　在"扇柄遮罩"图层上，利用【椭圆】工具 绘制笔触颜色为"无"，填充颜色为"红色"，宽高为"50 像素×50 像素"的圆形，并与舞台居中对齐，然后删掉圆的下半部分，如图 7-87 所示。

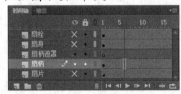

图7-86　创建扇柄遮罩图层

图7-87　绘制扇柄遮罩

(3)　选择半圆，将其转化为影片剪辑元件，并命名为"扇柄遮罩"，在主场景中选择"扇柄遮罩"元件，使用【任意变形】工具 将"扇柄遮罩"的重心点拖曳到半圆的圆心处，如图 7-88 所示。

(4)　在"扇柄遮罩"层的第 50 帧处插入关键帧，在该帧处选择"扇柄遮罩"元件，在【变形】面板中将其旋转180°，如图 7-89 所示。

(5)　在第 1 帧和第 50 帧之间创建传统补间，选中第 1 帧，打开【属性】面板，设置其【旋转】属性为【逆时针】，【次】值为"1"，其属性设置如图 7-90 所示。

图7-88　设置扇柄遮罩元件重心

图7-89　旋转扇柄遮罩

图7-90　设置【旋转】属性

(6) 将"扇柄遮罩"层设置为遮罩层,"扇柄"层设置为被遮罩层。

(7) 使用同样的方法创建扇片遮罩动画和扇身遮罩动画,制作完成后,【时间轴】面板的状态如图 7-91 所示,遮罩动画效果如图 7-92 所示。

图7-91　图层情况

图7-92　折扇展开效果

5. 动态扇片制作。

(1) 现在动态展开折扇的效果还不够真实,需要添加一个动态的扇片来伴随折扇的展开。隐藏除"扇栓"层以外的所有图层,新建图层并将其重命名为"动态扇片"层。

(2) 将"动态扇片"层拖曳到"扇栓"层下面,在其上利用【直线】工具/绘制【笔触颜色】为"黑色",笔触高度为"3",笔触端点为"圆角",宽为"211"的实线,然后将其转化为元件并命名为"动态扇片",再设置其位置坐标 x、y 分别为"359.5""200",设置其重心位置与"扇栓"重合,如图 7-93 所示。

(3) 在"动态扇片"层的第 50 帧处插入关键帧,并在该帧处选择"动态扇片"元件,在【变形】面板中将其旋转180°,如图 7-94 所示。

图7-93　动态扇片　　　　　　　　　　　　　　　　　　　　　　图7-94　旋转扇片

(4) 在第 1 帧和第 50 帧之间创建补间动画,并在【属性】面板中设置其【旋转】属性为【逆时针】、【次】为"1"。将全部图层取消隐藏,此时,舞台效果如图 7-95 所示。

图7-95　动态折扇效果

6. 添加动态文字。

(1) 目前折扇打开效果已经比较理想,但是整体画面还显得单调,可以加入文字来点缀一下。新建图层并将其重命名为"动态文字"层,将其拖曳到"扇栓"层的上面。

(2) 在该图层上利用【文本】工具T输入"折扇效果"4 个字,设置字体为"方正舒体",字体大小为"50",字体颜色为"黑色",并设置其位置坐标 x、y 分别为"173.0""240",文字效果如图 7-96 所示。

(3) 选择文字,按 Ctrl + B 组合键将其打散,如图 7-97 所示,然后在"动态文字"图层的第 10 帧、第 20 帧、第 30 帧、第 40 帧处分别插入关键帧。

(4) 在第 1 帧处删去"折扇效果"4 个字，第 10 帧处删去"扇效果"，第 20 帧处删去"效果"，第 30 帧处删去"果"，这样动态的文字效果就制作完成了。

图7-96　创建文字　　　　　　　　　　　　　　　　　　　图7-97　打散文字

(5) 保存测试影片，一个极具复古韵味的动态折扇制作完成。

7.4　学习辅导——遮罩动画与路径动画的结合技巧

用户可以用一个遮罩层为多个图层作遮罩，却无法为引导层动画作遮罩，不免有些遗憾。但软件为用户提供了另一种方式，可使得用户能够为某个元件制作引导动画后，继续为这个元件制作遮罩动画。

实现的方式比较简单，用户将已制作完成的路径动画存储为图形元件（或影片剪辑元件），再对存储所得的图形元件制作遮罩动画即可。

在图 7-98 中，小球跟随弧线路径运动，五角星为遮罩形状，"图形元件"图层中放置小球的路径动画（此动画已制作成图形元件），遮罩层中放置五角星形状，最终动画效果如图 7-98 中最下面的 3 张图所示。

图7-98　移动小球

 元件的功能非常强大，也是 Flash 应用中的基础，它可以轻松解决许多制作难题，请读者多实践。

7.5　习题

1. 遮罩层动画的原理是什么？
2. 制作遮罩层动画至少需要几个图层？
3. 遮罩层动画还能应用于哪些艺术表达方面？

4. 制作图 7-99 所示的动态文字效果。

FLASH CS5

图7-99 动态文字效果

5. 制作图 7-100 所示的动态图片效果。

图7-100 动态图片效果

第8章 ActionScript 3.0 编程基础

【学习目标】

- 了解 ActionScript 3.0 的基本语法。
- 掌握一些常见特效的制作方法。
- 掌握代码的书写位置及方法。
- 掌握类的使用及扩展方法。

ActionScript 是 Flash 中的一个重要功能模块，Flash CC 中对这一模块的功能进行了强化，重新定义了 ActionScript 的编程思想，增加了大量的内置类，程序的运行效率更高。本章将介绍 ActionScript 3.0 的基本语法和编程方法，并通过实例了解常用内置类的用法。

8.1 ActionScript 概述

在使用 ActionScript 3.0 进行交互动画制作之前，首先来学习 ActionScript 3.0 的基础知识。

8.1.1 功能讲解——ActionScript 基础知识

一、 基本概念

和其他脚本撰写语言一样，ActionScript 遵循自己的语法规则，保留关键字，提供运算符，并且允许使用变量存储和获取信息。ActionScript 包含内置的对象和函数，并且允许用户创建自己的对象和函数。

(1) ActionScript 程序。

ActionScript 程序一般由语句、函数和变量组成，主要涉及变量、函数、数据类型、表达式和运算符等，是 ActionScript 的基石。它可以由单一动作组成，如指示动画停止播放的操作，也可以由一系列动作语句组成，如先计算条件，再执行动作。

ActionScript 是一种面向对象的编程语言。对象是 ActionScript 3.0 语言的核心，程序所声明的每个变量、编写的每个函数以及创建的每个实例都是一个对象。

 事实上，用户已经在 Flash 中处理过元件，这些元件就是对象。假设定义了一个影片剪辑元件（假设它是一幅矩形的图画），并且将它的一个副本放在了舞台上，那么该影片剪辑元件就是 ActionScript 中的一个对象，即 MovieClip 类的一个实例。

(2) 对象属性。

在 ActionScript 面向对象的编程中，任何对象都可以包含 3 种类型的特性。

- 属性：表示与对象绑定在一起的若干数据项的值，如矩形的长、宽、颜色。
- 方法：可以由对象执行的操作，如动画播放、停止或跳转等。

- 事件：由用户或系统内部引发的、可被 ActionScript 识别并响应的事情，如鼠标单击、用户输入、定时时间到等事件。

这些元素共同用于管理程序使用的数据块，并用于确定执行哪些动作及动作的执行顺序。ActionScript 为响应特定事件而执行某些动作的过程称为"事件处理"。

(3) Flash 中需要识别的元素。

在编写执行事件处理代码时，Flash 需要识别 3 个重要元素。

- 事件源：发生该事件的是哪个对象。
- 事件：将要发生什么事情，以及程序希望响应什么事情。
- 响应：当事件发生时，程序希望执行哪些步骤。

(4) 代码结构。

无论何时编写处理事件的 ActionScript 代码，都会包括这 3 个元素，并且代码将遵循以下基本结构。

```
function eventResponse(eventObject:EventType):void
{
    //此处是为响应事件而执行的动作。
}
eventSource.addEventListener(EventType.EVENT_NAME, eventResponse);
```

此代码执行两个操作。首先，定义一个函数，这是指定为响应事件而要执行的动作的方法。接下来，调用源对象的 addEventListener()方法，实际上就是为指定事件"订阅"该函数，以便当该事件发生时，执行该函数的动作。

(5) 函数。

"函数"提供一种将若干个动作组合在一起，并用类似于快捷名称的单个名称来执行这些动作的方法。函数与方法完全相同，只是不必与特定类关联（事实上，方法可以被定义为与特定类关联的函数）。在创建事件处理函数时，必须选择函数名称（本例中为 eventResponse），还必须指定一个参数（本例中的名称为 eventObject）。

> 要点提示 指定函数参数类似于声明变量，所以还必须指明参数的数据类型。为每个事件定义一个 ActionScript 类，并且为函数参数指定的数据类型始终是与要响应的特定事件关联的类。最后，在左大括号与右大括号之间（{...}），编写用户希望计算机在事件发生时执行的指令。

一旦编写了事件处理函数，就需要通知事件源对象（发生事件的对象，如按钮）程序希望在该事件发生时调用函数。可通过调用该对象的 addEventListener()方法来实现此目的（所有具有事件的对象都同时具有 addEventListener()方法）。addEventListener()方法有以下两个参数。

- 第一个参数是希望响应的特定事件的名称。同样，每个事件都与一个特定类关联，而该类将为每个事件预定义一个特殊值；类似于事件自己的唯一名称（应将其用于第一个参数）。
- 第二个参数是事件响应函数的名称。请注意，如果将函数名称作为参数进行传递，则在写入函数名称时不使用括号。

二、变量

(1) 变量的声明。

变量可用来存储程序中使用的值。要声明变量，必须将 var 语句和变量名结合使用。可通过在变量名后面追加一个后跟变量类型的冒号（:）来指定变量类型。例如，下面的代码声明一个 int 类型的变量 *i*：

```
var i:int;
```

（2）变量的赋值。

可以使用赋值运算符（ = ）为变量赋值。例如，下面的代码声明一个变量 *i* 并将值 20 赋给它：

```
var i:int;
i = 20;
```

也可以在声明变量的同时为变量赋值，例如：

```
var i:int = 20;
```

如果要声明多个变量，则可以使用逗号运算符（,）来分隔变量，从而在一行代码中声明所有这些变量。例如，下面的代码在一行代码中声明 3 个变量：

```
var a:int, b:int, c:int;
```

也可以在同一行代码中为其中的每个变量赋值。例如，下面的代码声明 3 个变量（*a*、*b* 和 *c*）并为每个变量赋值：

```
var a:int = 10, b:int = 20, c:int = 30;
```

要点提示　尽管可以使用逗号运算符来将各个变量的声明组合到一条语句中，但是这样可能会降低代码的可读性。

（3）变量的默认值。

"默认值"是在设置变量值之前变量中包含的值。如果用户声明了一个变量，但是没有设置它的值，则该变量处于"未初始化"状态。未初始化变量的值取决于它的数据类型。一般来说，Boolean 类型变量的默认值为"false"，int 类型变量的默认值为 0。

如果用户声明某个变量，但是未声明它的数据类型，则将应用默认数据类型*，这实际上表示该变量是无类型变量。如果用户没有用值初始化无类型变量，则该变量的默认值是 undefined。

三、基本语法

ActionScript 语言的语法定义了在编写可执行代码时必须遵循的规则。

（1）区分大小写。

ActionScript 3.0 是一种区分大小写的语言。只是大小写不同的标识符会被视为不同。例如，下面的代码创建两个不同的变量：

```
var num1:int;
var Num1:int;
```

（2）点语法。

可以通过点运算符（.）来访问对象的属性和方法。使用点语法，可以使用后跟点运算符和属性名或方法名来引用对象的属性或方法。例如：

```
ball.x=100;          //对象 ball 的 x 坐标为 100
ball.alpha=50;       //对象 ball 的透明度值为 50
```

（3）分号。

可以使用分号字符（;）来终止语句。如果省略分号字符，则编译器会认为每行代码代表单个语句。不过，最好还是使用分号，因为这样可增加代码的可读性。

使用分号终止语句可以在一行中放置多个语句，但是这样会使代码变得不易阅读。

(4) 小括号。

在 ActionScript 3.0 中定义函数时，可以通过 3 种方式来使用小括号（()）。

- 可以使用小括号来更改表达式中的运算顺序。组合到小括号中的运算总是最先执行。例如，小括号可用来改变如下代码中的运算顺序：
```
trace(2 + 3 * 4);    // 输出: 14
trace( (2 + 3) * 4); //输出: 20
```
- 可以结合使用小括号和逗号运算符（,）来计算一系列表达式并返回最后一个表达式的结果，例如：
```
var a:int = 2;
var b:int = 3;
trace((a++, b++, a+b)); //输出: 7
```
- 可以使用小括号来向函数或方法传递一个或多个参数，如下面的示例所示，此示例向 trace()函数传递一个字符串值：
```
trace("hello"); //输出: hello
```

(5) 注释。

ActionScript 3.0 代码支持两种类型的注释：单行注释和多行注释。编译器将忽略标记为注释的文本。

- 单行注释以两个正斜杠字符（//）开头并持续到该行的末尾。例如，下面的代码包含一个单行注释：
```
var someNumber:Number = 3; // 单行注释
```
- 多行注释以一个正斜杠和一个星号（/*）开头，以一个星号和一个正斜杠（*/）结尾。
```
/*这是一个可以跨
多行代码的多行注释。*/
```

四、 运算符

运算符是一种特殊的函数，具有一个或多个操作数并返回相应的值。"操作数"是被运算符用作输入的值，通常是数值、变量或表达式。

在下面的代码中，将加法运算符（+）和乘法运算符（*）与 3 个操作数（2、3 和 4）结合使用来返回一个值。赋值运算符（=）随后使用该值将所返回的值 14 赋给变量 sumNumber。
```
var sumNumber:uint = 2 + 3 * 4; // uint = 14
```

 运算符的优先级和结合律决定了运算符的处理顺序。虽然对于熟悉算术的人来说，编译器先处理乘法运算符（*）然后再处理加法运算符（+）似乎是自然而然的事情，但实际上编译器要求显式指定先处理哪些运算符，此类指令统称为"运算符优先级"。ActionScript 定义了一个默认的运算符优先级，可以使用小括号运算符（()）来改变它。

下面的代码改变上一个示例中的默认优先级，以强制编译器先处理加法运算符，然后再处理乘法运算符：

```
var sumNumber:uint = (2 + 3) * 4; // uint = 20
```

表 8-1 按优先级递减的顺序列出了 ActionScript 3.0 中的运算符。该表内同一行中的运算符具有相同的优先级。在该表中，每行运算符都比位于其下方的运算符的优先级高。

表 8-1　　　　　　　　　　　　ActionScript 3.0 中的运算符

组	运算符		说明
主要运算符	[]	初始化数组	主要运算符用来创建 Array 和 Object 字面值、对表达式进行分组、调用函数、实例化类实例及访问属性的运算符
	{x:y}	初始化对象	
	()	对表达式进行分组	
	f(x)	调用函数	
	new	调用构造函数	
	x.y x[y]	访问属性	
XML	<></>	初始化 XMLList 对象	在 XML 文本中定义 XML 标签
	@	访问属性	标识 XML 或 XMLList 对象的属性
	:	限定名称	指定属性、方法、XML 属性或 XML 特性的命名空间
	.	访问子级 XML 元素	定位到 XML 或 XMLList 对象的后代元素，或者（与@运算符一起使用）查找匹配的后代属性
后缀运算符	x++	递增（后缀）	后缀运算符只有一个操作数，具有更高的优先级和特殊的行为
	x--	递减（后缀）	
一元运算符	++x	递增（前缀）	一元运算符只有一个操作数。这一组中的递增运算符（++）和递减运算符（--）是"前缀运算符"，这意味着它们在表达式中出现在操作数的前面。前缀运算符与它们对应的后缀运算符不同，因为递增或递减操作是在返回整个表达式的值之前完成的
	--x	递减（前缀）	
	+	一元+	
	-	一元-（非）	
	~	逻辑"非"	
	!	按位"非"	
	delete	删除属性	
	typeof	返回类型信息	
	void	返回 undefined 值	
乘法运算符	*	乘法	乘法运算符具有两个操作数，它执行乘、除或求模计算
	/	除法	
	%	求模	
加法运算符	+	加法	加法运算符有两个操作数，它执行加法或减法计算
	-	减法	

续表

组	运算符		说明
按位移位运算符	<<	按位向左移位	按位移位运算符有两个操作数，它将第一个操作数的各位按第二个操作数指定的长度移位
	>>	按位向右移位	
	>>>	按位无符号向右移位	
关系运算符	<	小于	关系运算符有两个操作数，它比较两个操作数的值，然后返回一个布尔值
	>	大于	
	<=	小于或等于	
	>=	大于或等于	
	as	检查数据类型	
	in	检查对象属性	
	instanceof	检查原型链	
	is	检查数据类型	
等于运算符	==	等于	等于运算符有两个操作数，它比较两个操作数的值，然后返回一个布尔值
	!=	不等于	
	===	严格等于	
	!==	严格不等于	
按位逻辑运算符	&	按位"与"	按位逻辑运算符有两个操作数，它执行位级别的逻辑运算。按位逻辑运算符具有不同的优先级
	^	按位"异或"	
	|	按位"或"	
逻辑运算符	&&	逻辑"与"	有两个操作数，它返回布尔结果。逻辑运算符具有不同的优先级
	||	逻辑"或"	
条件运算符	?:		条件运算符是一个三元运算符，也就是说它有 3 个操作数
赋值运算符	= *= /= %= += -= <<= >>= >>>= &= ^= |=		赋值运算符有两个操作数，它根据一个操作数的值对另一个操作数进行赋值
逗号			用于分隔变量等

五、 条件语句

ActionScript 3.0 提供了 3 个可用来控制程序流的基本条件语句。

(1) if..else。

if..else 条件语句用于测试一个条件，如果该条件存在，则执行一个代码块，否则执行替代代码块。例如，下面的代码测试 x 的值是否超过 20，如果是，则生成一个 trace()函数，否则生成另一个 trace()函数：

```
if (x > 20)
{
```

```
        trace("x is > 20");
    }
    else
    {
        trace("x is <= 20");
    }
```

如果用户不想执行替代代码块，可以仅使用 if 语句，而不用 else 语句。

（2）if..else if。

可以使用 if..else if 条件语句来测试多个条件。例如，下面的代码不仅测试 x 的值是否超过 20，而且还测试 x 的值是否为负数：

```
if (x > 20)
{
    trace("x is > 20");
}
else if (x < 0)
{
    trace("x is negative");
}
```

如果 if 或 else 语句后面只有一条语句，则无需用大括号括起后面的语句。例如，下面的代码不使用大括号：

```
if (x > 0)
    trace("x is positive");
else if (x < 0)
    trace("x is negative");
else
    trace("x is 0");
```

要点提示　一般建议始终使用大括号，因为以后在缺少大括号的条件语句中添加语句时，可能会出现意外的行为。

（3）switch。

如果多个执行路径依赖于同一个条件表达式，则 switch 语句非常有用。其功能相当于一系列 if..else if 语句，但是更便于阅读。switch 语句不是对条件进行测试以获得布尔值，而是对表达式进行求值并使用计算结果来确定要执行的代码块。代码块以 case 语句开头，以 break 语句结尾。例如，下面的 switch 语句基于由 Date.getDay()方法返回的日期值输出日期：

```
var someDate:Date = new Date();
var dayNum:uint = someDate.getDay();
switch(dayNum)
{
    case 0:
```

```
            trace("星期天");
            break;
        case 1:
            trace("星期一");
            break;
        case 2:
            trace("星期二");
            break;
        case 3:
            trace("星期三");
            break;
        case 4:
            trace("星期四");
            break;
        case 5:
            trace("星期五");
            break;
        case 6:
            trace("星期六");
            break;
        default:
            trace("我也不知道是星期几");
            break;
    }
```

六、 循环语句

循环语句允许使用一系列值或变量来反复执行一个特定的代码块。一般始终用大括号
（{}）来括起代码块。尽管在代码块中只包含一条语句时可以省略大括号。

（1） for。

for 循环用于循环访问某个变量，以获得特定范围的值。必须在 for 语句中提供 3 个表
达式：一个设置了初始值的变量，一个用于确定循环何时结束的条件语句，以及一个在每次
循环中都更改变量值的表达式。例如，下面的代码循环 5 次，变量 i 的值从 0 开始到 4 结
束，输出结果是从 0 到 4 的 5 个数字，每个数字各占一行。

```
var i:int;
for (i = 0; i < 5; i++)
{
    trace(i);
}
```

（2） for..in。

for..in 循环用于循环访问对象属性或数组元素。例如，可以使用 for..in 循环来循环访问通用

对象的属性（不按任何特定的顺序来保存对象的属性，因此属性可能以看似随机的顺序出现）：

```
var myObj:Object = {x:20, y:30};
for (var i:String in myObj)
{
    trace(i + ": " + myObj[i]);
}
// 输出
// x: 20
// y: 30
```

还可以循环访问数组中的元素：

```
var myArray:Array = ["one", "two", "three"];
for (var i:String in myArray)
{
    trace(myArray[i]);
}
// 输出
// one
// two
// three
```

(3) while。

while 循环与 if 语句相似，只要条件为 true，就会反复执行。例如，下面的代码与 for 循环示例生成的输出结果相同：

```
var i:int = 0;
while (i < 5)
{
    trace(i);
    i++;
}
```

 使用 while 循环（而非 for 循环）存在的一个缺点是：编写的 while 循环中更容易出现无限循环。如果省略了用来递增计数器变量的表达式，则 for 循环示例代码将无法编译，而 while 循环示例代码仍然能够编译。若没有用来递增 i 的表达式，循环将成为无限循环。

(4) do..while。

do..while 循环是一种 while 循环，它保证至少执行一次代码块，这是因为在执行代码块后才会检查条件。下面的代码显示了 do..while 循环的一个简单示例，即使条件不满足，该示例也会生成输出结果：

```
var i:int = 5;
do
{
    trace(i);
```

```
    i++;
} while (i < 5);
//输出: 5
```

七、 使用函数

函数在 ActionScript 中始终扮演着极为重要的角色，是执行特定任务并可以在程序中重用的代码块。

(1) 调用函数。

可通过使用后跟小括号运算符（()）的函数标识符来调用函数。要发送给函数的任何函数参数都要括在小括号中。例如，贯穿于本书始末的 trace()函数，它是 Flash Player API 中的顶级函数：

```
trace("Use trace to help debug your script");
```

如果要调用没有参数的函数，则必须使用一对空的小括号。例如，可以使用没有参数的 Math.random()方法来生成一个随机数：

```
var randomNum:Number = Math.random();
```

(2) 定义自己的函数。

在 ActionScript 3.0 中可通过使用函数语句来定义函数。函数语句是在严格模式下定义函数的首选方法。函数语句以 function 关键字开头，后跟以下内容。

- 函数名。
- 用小括号括起来的逗号分隔参数列表。
- 用大括号括起来的函数体，即在调用函数时要执行的 ActionScript 代码。

例如，下面的代码创建一个定义 1 个参数的函数，然后将字符串"hello"用作参数值来调用该函数：

```
function traceParameter(aParam:String)
{
    trace(aParam);
}
traceParameter("hello"); // hello
```

要点提示 也可以使用赋值语句和函数表达式来声明函数，这是一种较为繁杂的方法，在早期的 ActionScript 版本中广为使用。

(3) 从函数中返回值。

要从函数中返回值，请使用后跟要返回的表达式或字面值的 return 语句。例如，下面的代码返回一个表示参数的表达式：

```
function doubleNum(baseNum:int):int
{
    return (baseNum * 2);
}
```

请注意，return 语句会终止该函数。因此，不会执行位于 return 语句下面的任何语句，如：

```
function doubleNum(baseNum:int):int {
```

```
        return (baseNum * 2);
        trace("after return"); // 不会执行这条 trace 语句
    }
```

在严格模式下，如果用户选择指定返回类型，则必须返回相应类型的值。例如，下面的代码在严格模式下会生成错误，因为它们不返回有效值：

```
function doubleNum(baseNum:int):int
{
    trace("after return");
}
```

八、 ActionScript 3.0 常用代码

ActionScript 3.0 是一个强大的编程语言，它为用户提供了大量的内部函数，能完成各种控制功能。但初级用户只需掌握一些简单的函数，来对影片进行简单的控制即可。

（1） 时间轴控制函数。

新建一个 Flash（ActionScript 3.0）文档，选中图层 1 的第 1 帧，按 F9 键打开【动作】面板，如图 8-1 所示。

图8-1 【动作】面板

其中 3 个板块的功能介绍如下。

- 在代码输入区中可以直接输入代码。
- 在代码输入快速切换区中可以查看或快速切换到具有代码的帧。
- 在代码片段区中通过复制某函数可以在代码输入区中的光标显示位置粘贴该函数，此功能对于代码初学者十分有用。

时间轴导航的说明如表 8-2 所示。

表 8-2　　　　　　　　　　　　时间轴导航函数的说明

指令	函数	作用
单击以转到帧并播放	gotoAndPlay(n)	将播放头转到场景中第 n 帧并从该帧开始播放（n 为要调整的帧数）
单击以转到帧并停止	gotoAndStop(n)	将播放头转到场景中第 n 帧并停止播放
单击以转到下一帧并停止	nextFrame()	单击指定的元件实例会将播放头移动到下一帧并停止此影片
单击以转到下一场景并停止	nextScene()	单击指定的元件实例会将播放头移动到时间轴中的下一场景并在此场景中继续回放
在此帧处播放	play()	在时间轴中向前移动播放头
单击以转到前一帧并停止	prevFrame()	单击指定的元件实例会将播放头移动到前一帧并停止此影片
单击以转到前一场景并停止	prevScene()	单击指定的元件实例会将播放头移动到时间轴中的前一场景并在此场景中继续回放
在此帧处停止	stop()	停止当前正在播放的 SWF 文件

（2） 添加事件。

ActionScript 3.0 中通过 addEventListener()方法来添加事件，一般格式如下。

```
接收事件对象.addEventListener(事件类型.事件名称,事件响应函数名称);
function 事件响应函数名称(e:事件类型)
{
    //此处是为响应事件而执行的动作
}
```

若是对时间轴添加事件，则使用 this 代替接收事件对象或省略不写。

（3） 嵌入资源类的使用。

ActionScript 3.0 使用称为嵌入资源类的特殊类来表示嵌入的资源。嵌入资源是指编译时包括在 SWF 文件中的资源，如声音、图像或字体。

要使用嵌入资源，首先将该资源放入 FLA 文件的库中。接着，设置其链接属性，提供资源的嵌入资源类的名称，然后可以创建嵌入资源类的实例，并使用任何由该类定义或继承的属性和方法。

例如，以下代码可用于播放链接到名为 PianoMusic 的嵌入资源类的嵌入声音。

```
var piano:PianoMusic = new PianoMusic();
var sndChannel:SoundChannel = piano.play();
```

8.1.2 范例解析——制作"鼠标跟随效果"

本案例将制作一个心形图案跟随鼠标移动的特效，通过简单的控制代码就可以制作出漂亮的特效，操作思路及最终效果如图 8-2 所示。

图8-2 操作思路及效果

【操作步骤】

1. 设置元件属性。

（1） 打开制作模板，如图 8-3 所示。

按 Ctrl+O 组合键打开附盘文件"素材\第 8 章\鼠标跟随效果\鼠标跟随效果-模板.fla"。场景中放置了一张漂亮的背景图片。

（2） 设置"心形"元件属性，如图 8-4 所示。

① 在【库】面板中用鼠标右键单击【心形】元件，在弹出的快捷菜单中选择【属性】命令。

② 在弹出的【元件属性】对话框中展开【高级】卷展栏，在【ActionScript 链接】分组框中选择【为 ActionScript 导出(X)】复选项。

③ 设置参数【类(C)】为【Heart】。

④　单击 确定 按钮完成属性设置。

⑤　在弹出的【ActionScript 类警告】对话框中单击 确定 按钮。

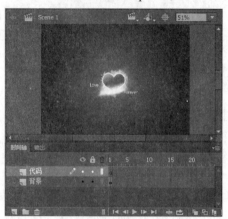

图8-3　打开制作模板

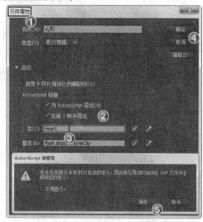

图8-4　设置"心形"元件属性

2.　输入控制代码。

(1)　选中"代码"图层的第 1 帧，按 F9 键打开【动作】面板，在此输入控制代码。

```
//添加场景事件
root.addEventListener(Event.ENTER_FRAME,showHeart);
function showHeart(e:Event) {
//生成"心形"元件实例
var h:Heart = new Heart();
//设置实例位置坐标
h.x=root.mouseX;
h.y=root.mouseY;
//将实例加入场景
root.addChild(h);
}
```

(2)　输入"心形"元件内部代码。

①　在【库】面板中双击"心形"元件，进入元件编辑状态。

②　选中"Action Layer"图层的第 25 帧。

③　按 F9 键打开【动作】面板，在此输入控制代码。

```
stop();
root.removeChild(this);
```

（在附盘文件"素材\第 8 章\鼠标跟随效果\控制代码.txt"中提供本案例所需的全部代码。）

3.　按 Ctrl+S 组合键保存影片文件，案例制作完成。

8.2　ActionScript 3.0 编程提高

本节将利用几个常用的内置类，在设计开发 Flash 作品的同时，介绍类、属性、方法等的使用方法和编程技巧。

8.2.1 功能讲解——认识高级代码

一、 获取时间

ActionScript 3.0 对时间的处理主要是通过 Date 类来实现，通过以下代码初始化一个无参数的 Date 类的实例，便可得当前系统时间。

```
var now:Date = new Date();
```

通过点运算符调用对象 now 中包含的 getHours( )、getMinutes( )、getSeconds( )，便可得到当前时间的小时、分钟和秒的数值。

```
var hour:Number=now.getHours();

var minute:Number=now.getMinutes();

var second:Number=now.getSeconds();
```

二、 指针旋转角度的换算

(1) 对于时钟中的秒针，旋转一周是 60s，即 360°，每转过一个刻度是 6°。用当前秒数乘以 6 便得到秒针旋转角度。

```
var rad_s = second * 6;
```

(2) 对于分针，其转过一个刻度也是 6°，但为了避免每隔 1min 才跳动一下，所以设计成每隔 10s 转过 1°。

```
var rad_m = minute * 6 + int(second / 10);
```

其中 int(second / 10)表示用秒数除以 10 后取其整数，结果便是每 10s 增加 1°。

(3) 对于时针，旋转一周是 12h，即 360°，但通过 getHours()得到的小时数值为 0~23，所以先使用"hour%12"将其变化范围调整为 0~11（其中"%"表示前数除以后数取余数）。

时针每小时要旋转30°，同样为了避免每隔 1h 才跳动一下，设计成每 2min 旋转 1°。

```
var rad_h = hour % 12 * 30 + int(minute / 2);
```

三、 元件动画设置

根据计算所得数值，通过点运算符访问并设置实例的 rotation 属性便可以形成旋转动画。

```
实例名.rotation = 计算所得数值;
```

四、 算法分析

设一个变量 index，要让 index 在 0～n-1 之间从小到大循环变化，则可使用如下算法。

```
index++;        // "++"表示 index = index+1，即变量自加 1

index = index % n;  // "%"表示取余数
```

若要让 index 在 0~n-1 之间从大到小循环变化，则使用如下算法：

```
index += n-1;    // "+="是 index = index + (n-1)的缩写形式

index = index % n;
```

8.2.2 范例解析——制作"时尚时钟"

本案例将制作一个日常生活中常见的物品——时钟，它不但具有漂亮的外观，而且可以精确指示当前的系统时间。其控制代码较少，简单易懂，是作为 ActionScript 3.0 入门学习的最佳选择，操作思路及最终效果如图 8-5 所示。

图8-5　操作思路及效果

【操作步骤】

1. 新建并重命名图层。

(1) 打开制作模板，如图 8-6 所示。

按 Ctrl+O 组合键打开附盘文件"素材\第 8 章\时尚时钟\时尚时钟-模板.fla"。场景中已经制作好时钟钟面。

(2) 新建并重命名图层，如图 8-7 所示。

① 连续单击 按钮新建 7 个图层。

② 从上到下依次重命名各图层。

图8-6　打开制作模板

图8-7　新建并重命名图层

2. 放置指针对象。

(1) 放置"时针阴影"元件，如图 8-8 所示。

① 选中图层"时针阴影"。

② 在【库】面板中将元件"时针阴影"拖曳至舞台。

(2) 设置"时针阴影"元件的属性，如图 8-9 所示。

① 在【属性】面板中设置"时针阴影"元件的实例名称为"hour_shadow"。

② 设置其位置坐标 x、y 都为"255"。

图8-8 添加"时针阴影"元件

图8-9 设置元件属性

(3) 放置"时针"元件，如图 8-10 所示。

① 选中图层"时针"。

② 在【库】面板中将元件"时针"拖曳至舞台。

(4) 设置"时针"元件属性，如图 8-11 所示。

① 在【属性】面板中设置"时针"元件的实例名称为"hand_hour"。

② 设置其位置坐标 x、y 都为"250"。

图8-10 添加"时针"元件

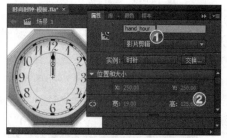

图8-11 设置"时针"元件属性

(5) 放置"分针阴影"元件，如图 8-12 所示。

① 选中图层"分针阴影"。

② 在【库】面板中将元件"分针阴影"拖曳至舞台。

(6) 设置"分针阴影"元件属性，如图 8-13 所示。

① 在【属性】面板中设置"分针阴影"元件的实例名称为"minute_shadow"。

② 设置其位置坐标 x、y 都为"255"。

图8-12 添加"分针阴影"元件

图8-13 设置"分针阴影"元件属性

(7) 放置"分针"元件，如图 8-14 所示。

① 选中图层"分针"。

② 在【库】面板中将元件"分针"拖曳至舞台。

(8) 设置"分针"元件属性，如图 8-15 所示。

① 在【属性】面板中设置"分针"元件的实例名称为"hand_minute"。

② 设置其位置坐标 x、y 都为"250"。

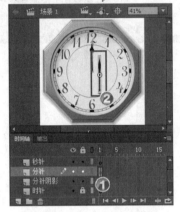

图8-14　添加"分针"元件

图8-15　设置"分针"元件属性

(9) 放置"秒针"元件，如图 8-16 所示。

① 选中图层"秒针"。

② 在【库】面板中将元件"秒针"拖曳至舞台。

(10) 设置"秒针"元件属性，如图 8-17 所示。

① 在【属性】面板中设置"秒针"元件的实例名称为"hand_second"。

② 设置其位置坐标 x、y 都为"250"。

图8-16　添加"秒针"元件

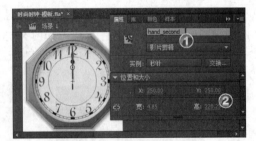

图8-17　设置"秒针"元件属性

(11) 放置"转轴"元件，如图 8-18 所示。

① 选中图层"转轴"。

② 在【库】面板中将元件"转轴"拖曳至舞台。

(12) 在【属性】面板中设置"转轴"元件的位置坐标 x、y 都为"250"。

图8-18 添加"转轴"元件

图8-19 设置"转轴"元件属性

3. 输入控制代码。

(1) 选择图层"代码"的第 1 帧，按 F9 键打开【动作】面板，在此输入控制代码。

(2) 初始化变量并得到当前时间。

```
//初始化时间对象，用于存储当前时间
var now:Date = new Date();
//获取当前时间的小时数值
var hour:Number=now.getHours();
//获取当前时间的分钟数值
var minute:Number=now.getMinutes();
//获取当前时间的秒数值
var second:Number=now.getSeconds();
```

(3) 计算各指针的旋转角度。

```
//计算时针旋转角度
var rad_h = hour % 12 * 30 + int(minute / 2);
//计算分针旋转角度
var rad_m = minute * 6 + int(second / 10);
//计算秒针旋转角度
var rad_s = second * 6;
```

(4) 设置各指针的旋转属性值。

```
//设置时针旋转属性值
hand_hour.rotation = rad_h;
//设置时针阴影旋转属性值
hour_shadow.rotation = rad_h;
//设置分针旋转属性值
hand_minute.rotation = rad_m;
//设置分针阴影旋转属性值
minute_shadow.rotation = rad_m;
//设置秒针旋转属性值
hand_second.rotation = rad_s;
```

（在附盘文件"素材\第 8 章\时尚时钟\控制代码.txt"中提供本案例所需的全部代码。）

4. 在所有图层的第 2 帧处插入帧，如图 8-20 所示。

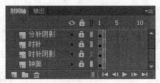

图8-20　插入帧

5.　按 Ctrl+S 组合键保存影片文件，案例制作完成。

8.3　综合案例

本节将通过两个综合实例来介绍 ActionScript 3.0 的使用方法与技巧。

8.3.1　学以致用——制作"时尚 MP3"

本案例使用 ActionScript 3.0 制作一个时尚的 MP3，效果如图 8-21 所示。

图8-21　效果图

【步骤提示】

1.　打开附盘文件"素材\第 8 章\制作"时尚 MP3"\制作模板.fla"。

> **要点提示**　MP3 的界面绘制和按钮制作也是一件十分有趣的事情，有兴趣的读者可以按给出的模板模拟制作 MP3 的外观。

2.　在【属性】面板中为舞台上的各个元素设置【实例名称】，如图 8-22 所示。

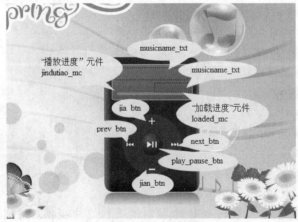

图8-22　设置实例名称

设置实例名时，由于"播放进度"元件和"加载进度"元件重合在一起不便选择，所以应使用图层的锁定和隐藏功能选择正确的元件进行实例名的设置。

3. 选择图层"AS3.0"第 1 帧，按 F9 键，打开【动作】面板，在此输入以下几个板块的控制代码。

(1) 首先定义将要用到的变量和类的实例。

```
//定义用于存储所有音乐地址的数组，可根据需要更换或增加音乐地址
var musics:Array = new Array("music.mp3",
 "http://www.jste.net.cn/train/files_upload/undefined/J7.mp3",
 "http://www.chinasanyi.com/mp3/3.mp3");
//定义用于存储当前音乐流的 Sound 对象
var music_now:Sound = new Sound();
//定义用于存储当前音乐地址的 URLRequest 对象
var musicname_now:URLRequest = new URLRequest();
//定义用于标识当前音乐地址在音乐数组中的位置
var index:int = 0;
//定义用于控制音乐停止的 SoundChannel 对象
var channel:SoundChannel;
//定义用于控制音乐音量大小的 SoundTransform 对象
var trans:SoundTransform = new SoundTransform();
//定义用于存储当前播放位置的变量
var pausePosition:int =0;
//定义用于表示当前播放状态的变量
var playingState:Boolean;
//定义用于存储音乐数组中音乐个数的变量
var totalmusics:uint = musics.length;
```

(2) 初始化操作，对各实例进行初始化，并开始播放音乐数组中的第 1 首音乐。

```
//初始设置小文本框中的内容，即当前音量大小
volume_txt.text = "音量:100%";
//初始设置大文本框中的内容，即当前音乐地址
musicname_txt.text = musics[index];
//初始设置当前音乐地址
musicname_now.url=musics[index];
//加载当前音乐地址所指的音乐
music_now.load(musicname_now);
//开始播放音乐并把控制权交给 SoundChannel 对象，同时传入 SoundTransform 对象用于
控制音乐音量的大小
channel = music_now.play(0,1,trans);
//设置播放状态为真，表示正在播放
playingState = true;
```

(3) 播放过程中设置"加载进度"元件和"播放进度"元件的宽度，用于表示当前音乐的加载进度和播放进度。

```
//添加 EnterFrame 事件，控制每隔"1/帧频"时间检测一次相关进度
addEventListener(Event.ENTER_FRAME, onEnterFrame);
//定义 EnterFrame 事件的响应函数
function onEnterFrame(e)
{
//得到当前音乐已加载部分的比例
var loadedLength:Number= music_now.bytesLoaded / music_now.bytesTotal;
//根据已加载比例设置"加载进度"元件的宽度
loaded_mc.width = 130 * loadedLength;
//计算当前音乐的总时间长度
var estimatedLength:int = Math.ceil(music_now.length / loadedLength);
//根据当前播放位置在总时间长度中的比例设置"播放进度"元件的宽度
jindutiao_mc.width = 130*(channel.position / estimatedLength);
}
```

(4) 添加"播放暂停"按钮上的控制代码。

```
//为"播放暂停"按钮添加鼠标单击事件
play_pause_btn.addEventListener(MouseEvent.CLICK,onPlaypause);
//定义"播放暂停"按钮上的单击响应函数
function onPlaypause(e)
{
//判断是否处于播放状态
if (playingState)
{
//为真，表示正在播放
//存储当前播放位置
pausePosition = channel.position;
//停止播放
channel.stop();
//设置播放状态为假
playingState= false;
} else
{
//不为真，表示已暂停播放
//从存储的播放位置开始播放音乐
channel = music_now.play(pausePosition,1,trans);
//重新设置播放状态为真
playingState=true;
}
```

```
        }
```

(5) 添加选择播放上一首音乐的代码。

```
        //为按钮添加事件
        prev_btn.addEventListener(MouseEvent.CLICK,onPrev);
        //定义事件响应函数
        function onPrev(e)
        {
        //停止当前音乐的播放
        channel.stop();
        //计算当前音乐的上一首音乐的序号
        index += totalmusics -1;
        index = index % totalmusics;
        //重新初始化 Sound 对象
        music_now = new Sound();
        //重新设置当前音乐地址
        musicname_now.url=musics[index];
        //重新设置大文本框中的内容
        musicname_txt.text = musics[index];
        //加载音乐
        music_now.load(musicname_now);
        //播放音乐
        channel = music_now.play(0,1,trans);
        //设置播放状态为真
        playingState = true;
        }
```

(6) 添加选择播放下一首音乐的代码。

```
        next_btn.addEventListener(MouseEvent.CLICK,onNext);
        function onNext(e)
        {
        channel.stop();
        index++;
        index = index % totalmusics;
        music_now = new Sound();
        musicname_now.url=musics[index];
        musicname_txt.text = musics[index];
        music_now.load(musicname_now);
        channel = music_now.play(0,1,trans);
        playingState = true;
        }
```

(7) 添加增加音量的控制代码。

```
jia_btn.addEventListener(MouseEvent.CLICK,onJia);

function onJia(e)

{

//将音量增加 0.05，即 5%

trans.volume +=0.05;

//控制音量最大为 3，即 300%

if (trans.volume>3)

{

    trans.volume = 3;

}

//传入参数使设置生效

channel.soundTransform = trans;

//重新设置小文本框中的内容，即当前音量大小

volume_txt.text = "音量:"+Math.round(trans.volume*100)+"%";

}
```

(8) 添加降低音量的控制代码。

```
jian_btn.addEventListener(MouseEvent.CLICK,onJian);

function onJian(e)

{

trans.volume -= 0.05;

if (trans.volume<0)

{

    trans.volume = 0;

}

channel.soundTransform = trans;

volume_txt.text = "音量:"+Math.round(trans.volume*100)+"%";

}
```

要点提示　附盘文件 "素材\第 8 章\制作 "时尚 MP3" \代码.txt" 中提供了本案例的全部代码。

4.　保存 Flash 文件，复制一个 MP3 文件到 Flash 原文件的保存位置，并将其重命名为 "music.mp3"，然后测试影片，一个具有时尚外观的 MP3 播放器就制作完成了，用它便可以播放喜爱的本地音乐或网络歌曲。

8.3.2　举一反三——制作 "旋转三维地球"

本案例将制作一个位于梦幻太空中的旋转三维地球效果，制作过程中使用到自定义类及使用代码加载位图，操作思路及最终效果如图 8-23 所示。

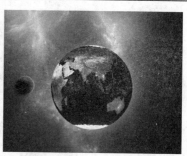

图8-23　操作思路及效果

【操作步骤】

1. 导入素材。

(1) 新建一个 Flash 文档。

(2) 设置文档属性，【舞台大小】为"600×500"像素，【帧频】为"30"，如图 8-24 所示。

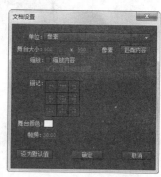

(3) 导入素材，如图 8-25 所示。

① 执行【文件】/【导入】/【导入到库】命令。

② 导入附盘文件"素材\第 8 章\旋转三维地球"中的两张图片。

2. 布置场景。

(1) 放置太空背景，如图 8-26 所示。

图8-24　设置文档属性

① 将"图层 1"重命名为"背景"。

② 在【库】面板中将位图"太空.png"拖曳至舞台。

③ 在【属性】面板中设置其位置坐标 x、y 均为"0"。

(2) 按 Ctrl + S 组合键将保存 Flash 文件到指定目录。

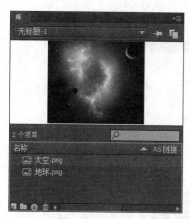

图8-25　导入素材

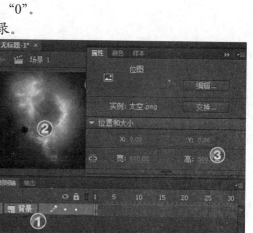

图8-26　放置太空背景

3. 自定义类。

(1) 新建代码文件，如图 8-27 所示。

① 执行【文件】/【新建】命令，打开【新建文档】对话框。

② 在【类型】列表框中选中【ActionScript 文件】选项。

③ 单击 确定 按钮，新建一个代码文件。

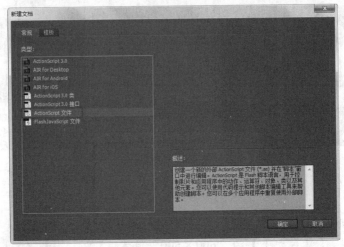

图8-27　新建代码文件

(2)　将附盘文件"素材\第 8 章\旋转三维地球\自定义类.txt"中的代码复制到新建的代码文件中，如图 8-28 所示。

图8-28　复制代码

(3)　以"BitmapSphereBasic.as"为文件名保存代码文件到 Flash 文件存储目录中，如图 8-29 所示。

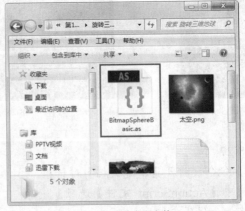

图8-29　保存代码文件

4. 输入控制代码。

(1) 设置"地球"位图属性，如图 8-30 所示。

① 关闭代码文件窗口，在【库】面板中用鼠标右键单击位图【地球.png】，在弹出的快捷菜单中选择【属性】命令，打开【位图属性】对话框。

② 进入【ActionScript】选项卡，在【ActionScript 链接】分组框中选择【为 ActionScript 导出(X)】复选项。

③ 设置参数【类(C)】为"Earth"。

④ 单击 确定 按钮完成属性设置。

⑤ 在弹出的【ActionScript 类警告】对话框中单击 确定 按钮。

图8-30　设置"地球"位图属性

(2) 新建一个图层，并将其重命名为"控制代码"，如图 8-31 所示。

图8-31　新建图层

(3) 选择图层"控制代码"第 1 帧，按 F9 键打开【动作-帧】面板，在此输入控制代码。

(4) 初始化变量并得到当前时间。

```
//创建一个行星
var board:Sprite = new Sprite();
//添加到显示列表
this.addChild(board);
//生成 datatype BitmapSphereBasic 的一个函数
// 设定函数初始值
var ball:BitmapSphereBasic;
//旋转的一个布尔值的函数
var autoOn:Boolean = true;
//两个函数为鼠标旋转
var prevX:Number;
```

237

```
var prevY:Number;
//星球的位置
var ballX:Number = 300;
var ballY:Number = 250;
//贴图
var imageData:BitmapData = new Earth(800,548);
ball = new BitmapSphereBasic(imageData);
board.addChild(ball);
ball.x = ballX;
ball.y = ballY;
//滤镜
ball.filters = [new GlowFilter(0xB4B5FE,0.6,32.0,32.0,1)];

this.addEventListener(Event.ENTER_FRAME,autoRotate);
board.addEventListener(MouseEvent.ROLL_OUT,boardOut);
board.addEventListener(MouseEvent.MOUSE_MOVE,boardMove);
board.addEventListener(MouseEvent.MOUSE_DOWN,boardDown);
board.addEventListener(MouseEvent.MOUSE_UP,boardUp);
function autoRotate(e:Event):void {
if (autoOn) {
    ball.autoSpin(-1);

}

}
//三个侦听为旋转和鼠标
function boardOut(e:MouseEvent):void {
autoOn = true;

}
function boardDown(e:MouseEvent):void {
prevX = board.mouseX;
prevY = board.mouseY;
autoOn = false;

}
function boardUp(e:MouseEvent):void {
autoOn = true;

}
```

```
function boardMove(e:MouseEvent):void {
var locX:Number = prevX;
var locY:Number = prevY;
//取反
if (! autoOn) {
    prevX = board.mouseX;
    prevY = board.mouseY;
    ball.rotateSphere(prevY - locY,-(prevX - locX),0);
    e.updateAfterEvent();

    }
    }
```

在附盘文件"素材\第 8 章\旋转三维地球\控制代码.txt"中提供本案例所需的全部代码。

5. 按 Ctrl+S 组合键保存影片文件，案例制作完成。

8.4 学习辅导——使用【代码片断】面板

【代码片断】面板旨在使非编程人员能轻松快速地使用简单的 ActionScript 3.0。借助该面板，用户可以将 ActionScript 3.0 代码添加到 FLA 文件，以启用常用功能，并且不需要应用 ActionScript 3.0 的知识。

一、 将代码片断添加到对象

下面以制作一个长方形不断旋转的动画为例，讲解【代码片断】面板的使用方法。

1. 新建一个 Flash 文档。
2. 按 R 键启动【矩形】工具，在舞台中绘制一个长方形。
3. 按 V 键启用【选择】工具，选中绘制的长方形。
4. 执行【窗口】/【代码片断】命令，打开【代码片断】面板。
5. 在列表中展开【动画】节点，双击【不断旋转】选项，如图 8-32 所示，在弹出的【Adobe Flash Professional】对话框中单击 确定 按钮应用控制代码，测试影片就会发现长方形旋转起来了。

 如果选择的对象不是元件实例或文本对象，则在应用该代码片段时，Flash 会将该对象转换为影片剪辑元件。
如果选择的对象还没有实例名称，在应用代码片断时 Flash 将为其添加一个实例名称。

二、 将代码片断添加到时间轴

使用【代码片断】面板可以方便地控制时间轴的播放，下面讲解其使用方法。

1. 接上例，在【时间轴】面板中所有图层的第 10 帧处插入帧。
2. 选中图层"Actions"的第 10 帧。
3. 在【代码片断】面板中展开【时间轴导航】节点，双击【在此帧处停止】选项。
4. 操作效果如图 8-33 所示。

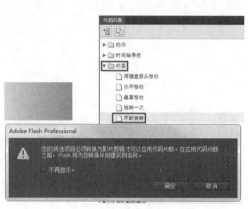

图8-32　为对象应用控制代码

图8-33　为时间轴应用控制代码

8.5　习题

1. 什么是函数，在 ActionScript 编程中有何重要用途？
2. 对时间轴的播放控制函数有哪些？
3. 如何获取舞台上的影片剪辑元件旋转度的属性值？
4. 什么是运算符的优先级，简要说明常用运算符的优先级排序情况。
5. 使用"鼠标跟随效果"的制作原理制作一个相似的鼠标跟随效果，如图 8-34 所示。

图8-34　鼠标跟随效果

第9章 组件及其应用

【学习目标】
- 掌握用户接口组件的使用方法。
- 掌握视频控制组件的使用方法。
- 掌握两种组件的配合使用方法。
- 了解使用组件开发的整体思路。

组件是 Flash 中的重要部分,可以帮助开发者将应用程序的设计过程和编码过程分开。即使完全不了解 ActionScript 3.0 的设计者也可以根据组件提供的接口来改变组件的参数,达到设计的目的。通过播放器组件的应用,可以快速制作出精美的播放器。

9.1 用户接口组件

了解应用程序开发的用户对用户接口组件一定不会陌生,众多的应用程序开发工具都会提供此类组件。使用组件开发的程序可以在网页上满足用户的各种要求,例如,开发网页上的测试系统、Falsh 播放器、购物系统等。

9.1.1 功能讲解——认识用户接口组件

用户接口组件的应用广泛,操作简单,使用频率高。本节将对用户接口组件的基本知识进行讲解。

执行【窗口】/【组件】命令,打开【组件】面板,如图 9-1 所示。面板分为 3 部分:Flex 组件、用户接口(User Interface)组件和视频(Video)组件。其中,用户接口组件应用最为广泛,包括常用的按钮、复选框、单选按钮、列表等,利用用户接口组件可以快速地开发组件应用程序。

用户接口组件

视频组件

图9-1 【组件】面板

9.1.2　范例解析——制作"图片显示器"

本案例将使用 Flash 组件制作一个"图片显示器",通过输入有效的图片地址,然后加载并显示该图片,其操作思路及效果图如图 9-2 所示。

图9-2　操作思路及效果

【操作步骤】

1.　新建文档。

(1)　新建一个 Flash 文档。

(2)　设置文档属性,【舞台大小】为"550×440"像素,如图 9-3 所示。

2.　放置组件。

(1)　放入 UILoader 组件,如图 9-4 所示。

①　按 Ctrl + F7 组合键,打开【组件】面板。

②　从【User Interface】卷展栏中将【UILoader】组件拖曳至舞台。

③　在【属性】面板中设置其位置(【X】、【Y】均为"0")、大小(【宽】为"550",【高】为"412.5")和实例名称("mUILoade")。

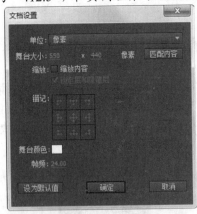

图9-3　设置【文档属性】

图9-4　放入 UILoader 组件

(2)　放入 TextInput 组件,如图 9-5 所示。

①　按 Ctrl + F7 组合键,打开【组件】面板。

②　从【User Interface】卷展栏中将【TextInput】组件拖入到舞台。

③　在【属性】面板中设置其位置(【X】为"0",【Y】为"414.5")、大小(【宽】为"450",【高】为"22")和实例名称("mTextInput")。

图9-5　放入 TextInput 组件

(3)　放入 Button 组件，如图 9-6 所示。

①　按 Ctrl+F7 组合键，打开【组件】面板。

②　从【User Interface】卷展栏中将【Button】组件拖曳至舞台。

③　在【属性】面板中设置其位置（【X】为"451.3"，【Y】为"414.35"）、大小（【宽】为"100"，【高】为"22"）和实例名称（"mButton"）。

④　在【组件参数】卷展栏中设置【label】为"显示"。

图9-6　放入 Button 组件

3.　输入控制代码。

(1)　输入控制代码。

①　选中"图层 1"的第 1 帧。

②　按 F9 键打开【动作】面板。

③　输入以下代码。

```
//为按钮添加单击事件
mButton.addEventListener(MouseEvent.CLICK, fl_MouseClickHandler);
//创建单击事件响应函数
function fl_MouseClickHandler(event:MouseEvent):void
{
```

```
//舞台上 UILoader 组件的显示路径为 TextInput 组件的内容
mUILoader.source = mTextInput.text;
}
```

要点提示 使用代码操作舞台上的组件，是通过代码访问组件的属性参数来实现的。以本案例涉及的 UILoader 和 TextInput 组件为例：选中舞台上的 UILoader 组件，在【属性】面板的【组件参数】卷展栏中即可查看 UILoader 所有的参数，如图 9-7 所示，TextInput 组件的参数如图 9-8 所示。使用代码访问 UILoader 的【source】参数时，直接使用舞台上的 UILoader 组件的【实例名称】（mUILoader）和运算符（.）来访问，如 mUILoader.source。当访问舞台上的 TextInput 组件的【Text】参数时，使用代码 mTextInput.text 即可。

图9-7　UILoader 组件参数

图9-8　TextInput 组件参数

(2) 测试影片，如图 9-9 所示。

① 按 Ctrl+Enter 组合键测试影片。

② 在 TextInput 组件中输入图片的地址（网络图片地址或本地电脑上的图片地址都可以）。

③ 单击 显示 按钮，UILoader 组件即可加载并显示该图片。

图9-9　测试影片

(3) 按 Ctrl+S 组合键保存影片文件，案例制作完成。

9.1.3　提高训练——制作"美女调查表"

本例将使用各种用户接口组件来制作一个美女调查表，操作思路及效果图如图 9-10 所示。

图9-10 操作思路及效果

【操作步骤】

1. 导入背景图片。

(1) 新建一个 Flash 文档。

(2) 设置文档属性,【舞台大小】为"400×400"像素,如图 9-11 所示。

(3) 新建图层,如图 9-12 所示。

① 连续单击▣按钮新建图层。

② 重命名各图层。

图9-11 设置文档参数

图9-12 新建图层

(4) 锁定图层,如图 9-13 所示。

① 锁定除"背景"以外的图层。

② 选中"背景"图层的第 1 帧。

(5) 导入背景图片,如图 9-14 所示。

① 执行【文件】/【导入】/【导入到舞台】命令,打开【导入】对话框。

② 双击附盘文件"素材\第 9 章\美女调查表\背景.jpg",将其导入到舞台。

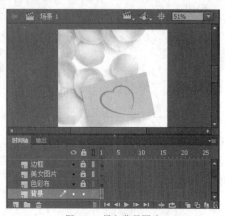

图9-14　导入背景图片

图9-13　锁定图层

(6)　设置图片的位置，如图 9-15 所示。

① 选中舞台上的"背景.jpg"图片。

② 在【属性】面板的【位置和大小】卷展栏中设置【X】、【Y】的值均为"0"。

2.　制作第 1 帧处的舞台元素。

(1)　绘制矩形，如图 9-16 所示。

① 锁定除"色彩布"以外的图层。

② 按 R 键启用【矩形】工具，在舞台上绘制一个矩形。

③ 在【属性】面板的【位置和大小】卷展栏中设置【X】为"0"，【Y】为"0"，【宽】为
　　"400"，【高】为"400"。

④ 在【填充和笔触】卷展栏中设置【笔触颜色】为"无"，【填充颜色】为"#999999"，
　　【Alpha】值为"60%"。

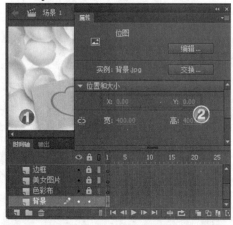

图9-15　设置图片的位置

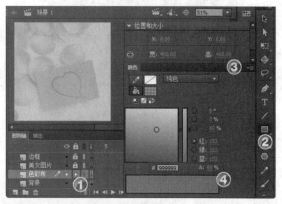

图9-16　绘制矩形

 这里绘制矩形主要是为了改变图片颜色的整体效果，采用此方法可以对一些背景图片及各种
元件的颜色进行控制，从而达到动画所需的颜色效果。

(2)　绘制边框，如图 9-17 所示。

① 锁定除"边框"以外的图层，按 N 键启动【线条】工具。

② 在【属性】面板的【填充和笔触】卷展栏中设置【笔触颜色】为"#FF6599"，【填充颜

色】为"无",【笔触】为"2"。

③　在舞台上绘制框架。

(3)　布置文字,如图 9-18 所示。

①　锁定除"文字层"以外的图层,按T键启动【文本】工具。

②　在【属性】面板的【字符】卷展栏中设置【系列】为"Verdana"(读者可以设置自己喜欢的字体或自行购买外部字体库),【大小】为"40"磅,【颜色】为"#FF0098"。

③　在舞台上方输入标题。

④　在【属性】面板的【字符】卷展栏中设置【系列】为"Verdana"(读者可以设置自己喜欢的字体或自行购买外部字体库),文字大小根据边框大小进行自定义,设置文字【颜色】为"纯白色"。

⑤　在舞台上输入文字。

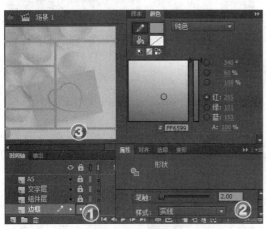

图9-17　绘制边框

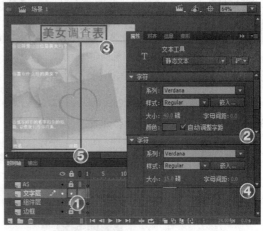

图9-18　布置文字

(4)　添加美女图片,如图 9-19 所示。

①　锁定除"美女图片"以外的图层。

②　执行【文件】/【导入】/【导入到舞台】命令,打开【导入】对话框。

③　双击导入附盘文件"素材\第 9 章\美女调查表\美女.jpg"到舞台。

④　选中舞台上的图片。

⑤　设置图片的位置和大小:【X】为"181.95",【Y】为"52",【宽】为"218.05",【高】为"309.95"。

(5)　布置组件,如图 9-20 所示。

①　锁定除"组件层"以外的图层。

②　按Ctrl+F7组合键打开【组件】面板。

③　在【组件】面板上将"Button""CheckBox""ComboBox""TextInput"拖曳至舞台。

④　设置舞台上各组件的位置。

- Button:【X】为"331.35",【Y】为"371.3",【宽】为"66",【高】为"22"。
- CheckBox:【X】为"37.35",【Y】为"94.35",【宽】为"100",【高】为"22"。
- ComboBox:【X】为"37.35",【Y】为"196.35",【宽】为"100",【高】为"22"。

- TextInput：【X】为 "228.2"，【Y】为 "370.5"，【宽】为 "100"，【高】为 "22"。
- TextInput：【X】为 "47.2"，【Y】为 "370.5"，【宽】为 "100"，【高】为 "22"。

图9-19　添加美女图片

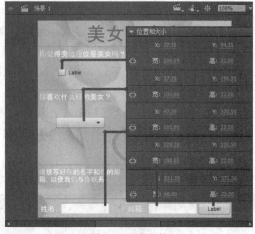

图9-20　布置组件

要点提示　在布置组件时，使用任意变形工具对组件的大小进行调整，让整个界面看起来更加美观。

3. 制作第 2 帧处的舞台元素，与第 1 帧的制作方法相同，这里只给出相关的信息，效果如图 9-21 所示。

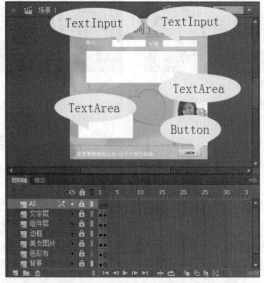

图9-21　制作第 2 帧处的舞台元素

4. 设置第 1 帧处组件的属性。

(1) 设置 "CheckBox" 组件的属性，如图 9-22 所示。

① 锁定除 "组件层" 以外的图层。

② 选中第 1 帧处的 "CheckBox" 组件。

③ 在【属性】面板中设置【实例名称】为 "jion_box"。

④ 在【组件参数】卷展栏中设置【label】为 "当然是美女!"。

图9-22　设置"CheckBox"组件的属性

(2)　设置"ComboBox"组件的属性，如图 9-23 所示。

①　选中"ComboBox"组件。

②　在【属性】面板中设置【实例名称】为"like_type"。

③　在【组件参数】卷展栏的【dataProvider】选项后面单击✏️按钮，弹出【值】对话框。

④　在【值】对话框中设置各参数。

图9-23　设置"ComboBox"组件的属性

(3)　设置"Button"组件的属性，如图 9-24 所示。

①　选中第 1 帧处的"Button"组件。

②　在【属性】面板中设置【实例名称】为"submit_btn"。

③　在【组件参数】卷展栏中设置【label】为"提交"。

5.　设置"TextInput"组件的属性，如图 9-25 所示。

①　选中第 1 帧"姓名:"处的"TextInput"组件。

②　在【属性】面板中设置【实例名称】为"name01"。

③　选中第 1 帧"邮箱:"处的"TextInput"组件。

④　在【属性】面板中设置【实例名称】为"e_mail01"。

图9-24 设置"Button"组件的属性

图9-25 设置"TextInput"组件的属性

6. 在第 2 帧处设置组件的【实例名称】，如图 9-26 所示。

图9-26 设置第 2 帧处组件的【实例名称】

7. 编写脚本。

(1) 在第 1 帧处添加脚本。

① 选中"AS"图层的第 1 帧。

② 按 F9 键打开【动作-帧】面板。

③ 在【动作-帧】面板中输入以下脚本。

```
stop();
var jion_results;
var yname;
var ye_mail;
var a=1;
var mylabel=0;
if (a==0) {
jion_box.selected=false;
name01.text="";
e_mail01.text="";
}//定义重置函数
submit_btn.addEventListener(MouseEvent.CLICK,sClick);
function sClick(Event:MouseEvent) {
```

```
        jion_results=jion_box.selected;

        yname=name01.text;

        ye_mail=e_mail01.text;

        this.gotoAndStop(2);

        a=1;

        }//定义提交按钮影响函数

        like_type.addEventListener(Event.CHANGE, changeHandler);

        function changeHandler(event:Event):void {

        mylabel=like_type.selectedIndex;

        }//定义"Combobox"的改变函数
```

(2) 在第 2 帧处添加脚本。

① 选中 "AS" 图层的第 2 帧。

② 按 F9 键打开【动作-帧】面板。

③ 在【动作-帧】面板中输入以下脚本。

```
        stop();

        name02.text=yname;//提取用户填写的名字信息

        e_mail02.text=ye_mail;//提取用户填写的邮箱信息

        if (jion_results==true) {

        check_result01.text="恭喜您，您已经进行了评价，获奖消息将在本月末公布。感谢您对
我们的支持，希望您身体健康，生活愉快。"

        } else {

        check_result01.text="您没有进行评价。";

        }//由从"jion_results"中提取的值来定义"check_result01"中的显示信息

        if (mylabel==0) {

        check_result02.text="古典美女";

        } else if (mylabel==1) {

        check_result02.text="时尚美女";

        } else if (mylabel==2) {

        check_result02.text="娴静美女";

        } else {

        check_result02.text="性感美女";

        }//由从"ComboBox"中提取的值来定义"check_result02"中的显示信息

        back_btn.addEventListener(MouseEvent.CLICK,sClear);

        function sClear(Event:MouseEvent) {

        a=0;

        this.gotoAndStop(1);

        }//定义返回按钮的函数
```

（在附盘文件 "素材\第 9 章\美女调查表\控制代码.txt" 中提供本案例所需的全部代码。）

(3) 按 Ctrl+S 组合键保存影片文件，案例制作完成。

9.2 媒体播放器组件

使用媒体播放器组件可以快速地制作出 FLV 视频格式的播放器，故目前网络上很多视频网站都是采用媒体播放器组件来制作播放器。

9.2.1 功能解析——认识媒体播放组件

一、音频基础知识

声音是一种连续的模拟信号——声波，具有两个基本的参数：频率和幅度。根据频率不同，将声音划分成声波（20Hz～20kHz）、次声波（低于 20Hz）、超声波（高于 20kHz）。通常人们说话的声波频率范围是 300Hz～3 000Hz，音乐的频率范围可达到 10Hz～20kHz。

(1) 音频的质量等级。

声音的质量与音频的频率范围有关，可以分为以下几个质量等级。

- 电话语音：频率范围为 200Hz～3.4kHz。
- 调幅广播，简称 AM（Amplitude Modulation）广播：频率范围为 50Hz～7kHz。
- 调频广播，简称 FM（Frequency Modulation）广播：频率范围为 20Hz～15kHz。
- 数字激光唱盘，简称 CD-DA（Compact Disk-Digital Audio）：频率范围为 10Hz～20kHz。

从频率范围可见，数字激光唱盘的声音质量最高，电话的语音质量最低。

(2) 声音信息的数字化过程。

一般来说，音频的音质越高，文件数据量越大，但是 MP3 声音数据经过了压缩，比 WAV 或 AIFF 声音数据量小。在导出时，Flash 会把声音转换成采样比率较低的声音。

在计算机内，声音必须先将模拟音频信号进行数字化处理转换为数字音频信号，这一过程是通过模数（A/D）转换器来实现的，如图 9-27 所示，声音播放时再经数字到模拟的转换，将数字音频信号转换为模拟信号。数字音频的最大优点是保真度好。

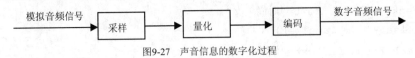

图9-27 声音信息的数字化过程

(3) 音频的主要参数。

在音频处理技术中，采样、量化和编码技术是音频信息数字化的关键。对音频信息的采样实际上是将模拟音频信号每隔相等的时间截成一段，将在时间上连续变化的波形截取成在时间上离散的数字信号，对所得的数字信号进行量化、编码后，形成最终的数字音频信号。影响数字化声音质量及声音文件大小的主要因素是采样频率、量化比特数和声道数。

- 采样率：就是通过波形采样的方法记录 1s 长度的声音需要多少个数据。原则上采样率越高，声音的质量越好。
- 压缩率：指音乐文件压缩前后的大小比值，用来简单描述数字声音的压缩效率。
- 比特率：表示记录音频数据每秒所需要的平均比特值，通常使用 kbit/s 作为单位。CD 中的数字音乐比特率为 1411.2kbit/s（也就是记录 1s 的 CD 音乐，需要 1411.2×1024bit 的数据），非常接近 CD 音质的 MP3 数字音乐需要的比特率是 112 kbit/s ~ 128kbit/s。

- 量化级：描述声音波形的数据是多少位的二进制数据，通常以 bit 为单位，如 16bit、24bit。16bit 量化级记录声音的数据是用 16bit 的二进制数，因此，量化级也是数字声音质量的重要指标。
- 声道数：是指记录声音时产生波形的个数。如果只产生一个声波数据，称为单声道；若一次产生两个声波数据，则称为立体声。立体声能更好地反映人们的听觉感受，但需要两倍于单声道的数据量。

声音信息数字化后每秒的数据量计算公式如下：

数据量 =（采样频率 × 量化级 × 声道数）÷ 8（Byte / s）。

在实际制作过程中，用户还是要根据具体作品的需要，有选择地引用 8bit 或 16bit 的 11kHz、22kHz 或 44kHz 的音频数据。

（4）音频格式。

音频数据因其用途、要求等因素的影响，拥有不同的数据格式。常见的格式主要包括 WAV、MP3、AIFF 和 AU。适合 Flash CC 引用的 4 种音频格式如下。

- WAV 格式：该格式直接保存对声音波形的采样数据，数据没有经过压缩，所以音质很好。但 WAV 对数据采样时没有压缩，所以体积臃肿不堪，所占磁盘空间很大。其他很多音乐格式可以说就是在改造 WAV 格式缺陷的基础上发展起来的。
- MP3 格式：相同长度的音乐文件用 "*.mp3" 格式来储存，一般只有 "*.wav" 文件的 1/10。由于体积小、传输方便、拥有较好的声音质量，所以现在大量的音乐都是以 MP3 的形式出现的。
- AIF/AIFF 格式：是苹果公司开发的一种声音文件格式，支持 MAC 平台，支持 16bit、44.1kHz 立体声。
- AU 格式：由 SUN 公司开发的 AU 压缩声音文件格式，只支持 8bit 的声音，是互联网上常用到的声音文件格式，多由 SUN 工作站创建。

二、视频基础知识

视频是连续快速地显示在屏幕上的一系列图像，可提供连续的运动效果。

（1）帧速率。

每秒出现的帧数称为帧速率，是以每秒帧数（fps）为单位度量的。帧速率越高，每秒用来显示系列图像的帧数就越多，从而使得运动更加流畅。但是帧速率越高，文件就越大。

要减小文件大小，需要降低帧速率或比特率。如果降低比特率，而将帧速率保持不变，图像品质将会降低。如果降低帧速率，而将比特率保持不变，视频运动的连贯性可能会达不到要求。以数字格式录制视频和音频涉及文件大小与比特率之间的平衡问题。大多数格式在使用压缩功能时，通过选择性地降低品质来减少文件大小和比特率。

（2）视频的压缩处理。

压缩的本质是减小影片的大小，从而便于高效存储、传输和回放。当 NTSC 帧速率约为 30 帧/s 时，未压缩的视频将以约 30 MB/s 的速度播放，35s 的视频将占用约 1 GB 的存储容量。与之相比，以 DV 格式压缩的 NTSC 文件可将 5min 的视频压缩至 1 GB 容量，并以约 3.6 MB/s 的比特率播放。

有两种压缩类型可应用于数字媒体：空间压缩和时间压缩。空间压缩将应用于单帧数据，与周围帧无关。空间压缩可以没有损失（不会丢弃图像的任何数据），也可以有损失（选择性的丢弃数据）。空间压缩帧通常称为帧内压缩。

(3) 常见的视频格式。

常用的视频文件和动画文件的格式主要有以下几种。

① AVI 格式（*.avi）。

AVI 是 Microsoft 公司开发的一种符合 RIFF 文件规范的数字音频与视频文件格式，允许视频和音频交错在一起同步播放。用不同压缩方法生成的 AVI 文件，必须使用相应的解压缩方法才能播放出来。AVI 文件目前主要应用在多媒体光盘上，用来保存电影、电视等各种影像信息；有时也出现在因特网上，供用户下载、欣赏新影片的精彩片断。

② QuickTime 格式（*.mov/*.qt）。

MOV 格式是 Apple 公司开发的一种音频、视频文件格式，用于保存音频和视频信息，具有先进的视频和音频功能。该格式支持 24 位彩色，支持 RLE、JPEG 等领先的集成压缩技术，提供了 150 多种视频效果，并配有提供了 200 多种 MIDI 兼容音响和设备的声音装置。QuickTime 以其领先的多媒体技术和跨平台特性、较小的存储空间要求、技术细节的独立性及系统的高度开放性，得到了业界的广泛认可，目前已成为数字媒体软件技术领域的事实上的工业标准。国际标准化组织（ISO）也选择 QuickTime 文件格式作为开发 MPEG-4 规范的统一数字媒体存储格式。

③ MPEG 格式（*.mpeg/*.mpg/*.dat）。

MPEG 文件格式是运动图像压缩算法的国际标准，采用有损压缩方法减少运动图像中的冗余信息，已被几乎所有的计算机平台共同支持。MPEG 标准包括 MPEG 视频、MPEG 音频和 MPEG 系统（视频、音频同步）3 个部分。MPEG 压缩标准是针对运动图像而设计的，其平均压缩比为 50:1，最高可达 200:1，压缩效率非常高，同时图像和音响的质量也非常好，并且在计算机上有统一的标准格式，兼容性相当好。

④ Real Video 格式视频文件（*.rm）。

Real Video 文件是 Real Networks 公司开发的一种新型流式视频文件格式，主要用来在低速率的广域网上实时传输活动视频影像，可以根据网络数据传输速率的不同而采用不同的压缩比率，从而实现影像数据的实时传送和实时播放。Real Video 除了可以以普通的视频文件形式播放之外，还可以与 Real Server 服务器相配合，在数据传输过程中边下载边播放视频影像，而不必像大多数视频文件那样，必须先下载然后才能播放。目前，因特网上已有不少网站利用 Real Video 技术进行重大事件的实况转播。

(4) 常用播放器组件。

对播放器组件的操作也是通过对其参数的控制来实现的。其中 FLVPlayback 2.5 组件是最重要的视频播放器组件，其他媒体控制组件都是基于该组件。

从【组件】面板中将【FLVPlay-back 2.5】组件拖曳至舞台上，在【属性】面板中即可查看其所有参数，如图 9-28 所示。

图9-28　FLVPlayback 2.5 参数

其中较为重要的参数如表 9-1 所示。

表 9-1　　　　　　　　　　　　【FLVPlayback 2.5】组件重要参数

参数	作用
Skin	控制 FLVPlayback 2.5 组件的界面和控件
Source	指定 FLVPlayback 2.5 组件播放视频文件的地址
Volume	控制 FLVPlayback 2.5 组件播放时的声音
SkinAutohide	播放视频时自动隐藏 FLVPlayback 2.5 组件的播放控件

9.2.2　范例解析——制作"网络视频播放器"

本案例将使用【FLVPlayback 2.5】组件和部分用户接口组件制作一个"网络视频播放器"，通过输入有效的 FLV 视频的地址，单击播放按钮来加载并播放该影片，其操作思路及效果如图 9-29 所示。

图9-29　操作思路及效果

【操作步骤】

1.　新建文档。

(1)　新建一个 Flash 文档。

(2)　设置文档属性，【舞台大小】为"550×470"像素，如图 9-30 所示。

2.　放置组件。

(1)　放入 FLVPlayback 2.5 组件，如图 9-31 所示。

①　按 Ctrl+F7 组合键打开【组件】窗口。

②　从【Video】卷展栏中将【FLVPlayback 2.5】组件拖曳至舞台。

③　在【属性】面板中设置其位置、大小和实例名称。

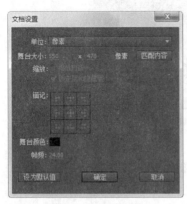

图9-30　设置文档属性

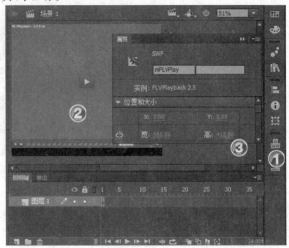

图9-31　放入 FLVPlayback 2.5 组件

(2)　放入 TextInput 组件，如图 9-32 所示。

①　按 Ctrl+F7 组合键打开【组件】窗口。

②　从【User Interface】卷展栏中将【TextInput】组件拖曳至舞台。

③　在【属性】面板中设置其位置（【X】为"0"，【Y】为"444.35"）、大小（【宽】为"446.95"，【高】为"22"）和实例名称。

(3)　放入 Button 组件，如图 9-33 所示。

①　从【User Interface】卷展栏中将【Button】组件拖入舞台。

②　在【属性】面板设置其位置（【X】为"450"，【Y】为"444.35"）、大小（【宽】为"100"，【高】为"22"）和实例名称。

③　在【组件参数】卷展栏中设置【label】为"播放"。

图9-32　放入 TextInput 组件

图9-33　放入 Button 组件

3.　书写代码。

(1)　输入控制代码。

①　选中"图层 1"的第 1 帧。

②　按 F9 键打开【动作-帧】面板。

③ 输入以下代码。

```
//为按钮添加单击事件
mButton.addEventListener(MouseEvent.CLICK, fl_MouseClickHandler);
//创建单击事件响应函数
function fl_MouseClickHandler(event:MouseEvent):void
{
//舞台上 mFLVPlayback 组件的显示路径为 TextInput 组件的内容
mFLVPlayback.source = mTextInput.text;
    mFLVPlayback.play();

}
```

(2) 测试影片，效果如图 9-34 所示。

① 按 Ctrl+Enter 组合键测试影片。

② 在【TextInput】组件中输入视频的地址（可输入附盘文件"素材\第 9 章\网络视频播放器\素材\汽车.flv"的地址）。

③ 单击 播放 按钮，FLVPlayback 2.5 组件即可加载并播放该影片。

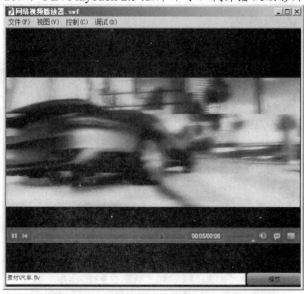

图9-34 测试影片

(3) 按 Ctrl+S 组合键保存影片文件，案例制作完成。

9.2.3 提高训练——制作"带字幕的视频播放器"

使用 Flash 提供的播放器模板虽然能够满足一定的使用要求，但是其涉及的播放控制按钮不能随意地调整。在本案例中，将使用【Video】卷展栏中的播放控制组件来创建一个带字幕的视频播放器，其设计思路及效果如图 9-35 所示。

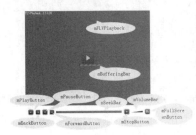

图9-35 操作思路及效果

【操作步骤】

1. 组件布局设计。

(1) 新建一个 Flash 文档。

(2) 设置文档尺寸，【舞台大小】设置为"550×450"像素，如图 9-36 所示。

(3) 新建图层操作，如图 9-37 所示。

① 连续单击■按钮新建两个图层。

② 重命名各图层。

图9-36 设置文档尺寸

图9-37 新建图层操作

(4) 放入 FLVPlayback 2.5 组件，如图 9-38 所示。

① 单击选中"播放器组件"图层的第 1 帧。

② 将【Video】卷展栏中的【FLVPlayback 2.5】组件拖曳至舞台。

③ 在【属性】面板设置其位置和大小：【宽】为"550"，【高】为"400"。

④ 在【组件参数】卷展栏中设置【skin】参数为"无"。

图9-38 放入 FLVPlayback 2.5 组件

(5) 放置播放器控制组件，如图 9-39 所示。

① 单击选中"播放控制组件"图层的第 1 帧。

② 将【Video】中的"PlayButton""BackButton""PauseButton""ForwardButton""SeekBar""StopButton""VolumeBar""FullScreenButton""BufferingBar"组件拖曳至舞台。

③ 调整各个播放器控制组件的位置。

(6) 将【FLVPlaybackCaptioning】拖曳至【库】面板，如图 9-40 所示。

图9-39 放置播放器控制组件

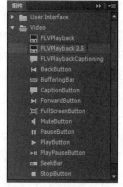

图9-40 将【FLVPlaybackCaptioning】拖曳至【库】面板

2. 编写后台程序。

(1) 按照从上到下、从左至右的顺序依次设置舞台上组件的【实例名称】为"mFLVPlayback""mBufferingBar""mPlayButton""mBackButton""mPauseButton""mForwardButton""mSeekBar""mStopButton""mVolumeBar""mFullScreenButton"，如图 9-41 所示。

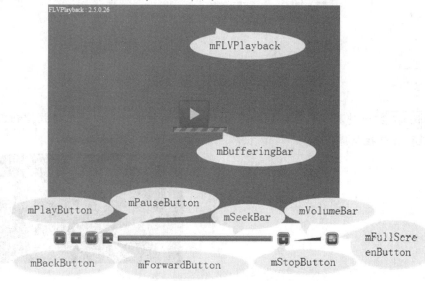

图9-41 设置组件的实例名称

(2) 选中"代码"图层的第 1 帧，按 F9 键打开【动作-帧】面板，输入以下代码。

```
//引用字幕组件
import fl.video.FLVPlaybackCaptioning;
//将播放控制组件连接到播放器组件
```

```
mFLVPlayback.bufferingBar = mBufferingBar;
mFLVPlayback.playButton = mPlayButton;
mFLVPlayback.backButton = mBackButton;
mFLVPlayback.pauseButton = mPauseButton;
mFLVPlayback.forwardButton = mForwardButton;
mFLVPlayback.seekBar = mSeekBar;
mFLVPlayback.stopButton = mStopButton;
mFLVPlayback.volumeBar = mVolumeBar;
mFLVPlayback.fullScreenButton = mFullScreenButton;
//为播放器指定播放视频路径
mFLVPlayback.source = "视频2.flv";
```

(3) 保存影片复制视频资料，效果如图 9-42 所示。

① 按 Ctrl+S 组合键保存文档到指定目录。

② 将附盘文件"素材\第 9 章\带字幕的视频播放器\视频 2.flv"文件复制到本案例文档保存的路径下。

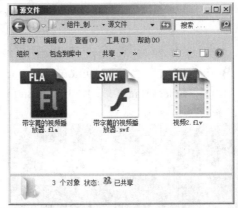

图9-42　保存影片复制视频资料

(4) 按 Ctrl+Enter 组合键测试影片，得到图 9-43 所示的效果。可以通过播放控制组件对视频播放进行各种控制操作。

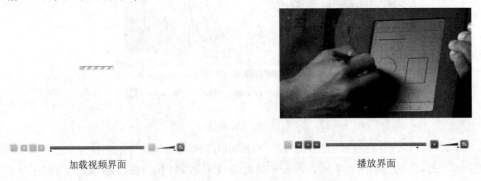

加载视频界面　　　　　　　　　　　　　　　　播放界面

图9-43　测试影片

3.　加入字幕效果。

(1) 加入字幕的方法十分简单，首先需要在现有程序的后面加入以下程序。

```
//创建字幕实例
var my_FLVPlybkcap = new FLVPlaybackCaptioning();
//将字幕实例加载到舞台
addChild (my_FLVPlybkcap);
//指定字幕文件的路径
my_FLVPlybkcap.source = "字幕.xml";
//显示字幕
my_FLVPlybkcap.showCaptions = true;
```

附盘文件"素材\第 9 章\带字幕的视频播放器\带字幕的视频播放器代码.txt"提供本案例涉及的所有代码。

(2) 将附盘文件"素材\第 9 章\带字幕的视频播放器\字幕.xml"复制到本案例发布文件相同的路径下，如图 9-44 所示。

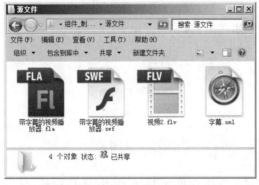

图9-44　复制"字幕.xml"文件

(3) 按 Ctrl+Enter 组合键测试影片，得到图 9-45 所示的带字幕效果。

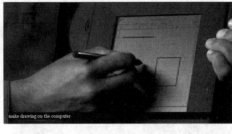

图9-45　加入字幕效果

(4) 按 Ctrl+S 组合键保存影片文件，案例制作完成。

字幕内容以 XML 的形式存在，可分为以下几个部分。

① XML 的版本说明及其他相关说明。

```
<?xml version="1.0" encoding="UTF-8"?>
```

② 主体部分。

所有的歌词和歌词样式都写在<tt></tt>之间。<head></head>之间定义歌词文字的方式、文字的颜色、文字的大小等，<body></body>之间定义歌词的开始时间、结束时间、歌词的文字。

```
<tt        xml:lang="en"        xmlns="http://www.w3.org/2006/04/ttaf1"
xmlns:tts="http://www.w3.org/2006/04/ttaf1#styling">
    <head>
    <style id="1" tts:textAlign="right"/>
        <style id="2" tts:color="transparent"/>
        <style id="3" style="2" tts:backgroundColor="white"/>
        <style id="4" style="2 3" tts:fontSize="20"/>
    </head>
    <body>
     <div xml:lang="en">
    <p begin="00:00:06.42" dur="00:00:03.15">And the company was in dire
straights at the time.</p>
        <p  begin="00:00:09.57"  dur="00:00:01.45">We   were   a   CD-ROM
authoring company,</p>
    </div>
        </body>
    </tt>
```

9.3　综合案例——制作"视频点播系统"

当视频在网络上传输时，如果文件太大，就会影响传输的速度。所以有时候需要将视频文件分割成小段来分别传输。本案例中，将使用用户接口组件和视频播放器组件结合的方式来制作一款具有点播功能的视频播放器，来选择播放被分割成 5 段的视频。其操作思路及效果如图 9-46 所示。

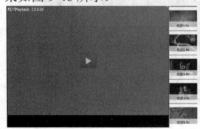

图9-46　操作思路及效果

【操作步骤】

1.　放置组件到舞台。

(1)　新建一个 Flash 文档。

(2)　设置文档属性，如图 9-47 所示。

①　设置【舞台大小】为"650×400"像素。

②　设置【背景颜色】为"黑色"。

(3)　新建两个图层，并重命名图层，如图 9-48 所示。

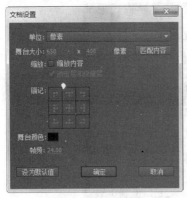

图9-47 设置文档属性

图9-48 新建图层

(4) 放置"FLVPlayback 2.5"组件,如图9-49所示。

① 选中"播放器组件"图层的第1帧。

② 将【FLVPlayback 2.5】组件拖曳至舞台。

③ 设置组件的【实例名称】为"mFLVPlayback"。

④ 在【属性】面板中设置其大小和位置:【宽】为"550",【高】为"360"。

⑤ 在【组件参数】卷展栏中设置播放器组件的【skin】参数为"SkinUnderAllNoCaption.swf"。

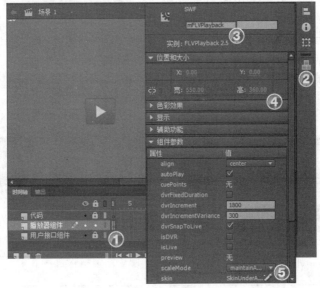

图9-49 放置"FLVPlayback 2.5"组件

(5) 放置"TileList"组件,如图9-50所示。

① 选中"播放器组件"图层的第1帧。

② 将【TileList】组件拖曳至舞台。

③ 设置组件的【实例名称】为"mTileList"。

④ 在【属性】面板中设置其大小和位置:【X】为"550",【Y】为"0",【宽】为"100",【高】为"400"。

⑤ 在【组件参数】卷轴栏中设置【columnCount】为"1",【columnWidth】为"100",【rowHeight】为"80"。

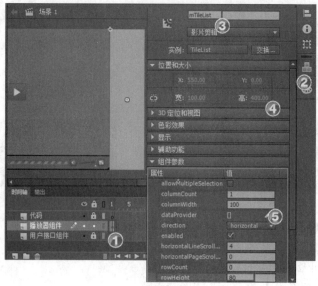

图9-50 放置"TileList"组件

2. 添加组件链接。

(1) 保存文件复制素材，效果如图 9-51 所示。

① 按 Ctrl+S 组合键保存文档。

② 将附盘文件"素材\第 9 章\视频点播系统"中的"视频 1.flv"至"视频 5.flv"和"图片 1.JPG"至"图片 5.JPG"复制到与本案例源文件相同的目录下。

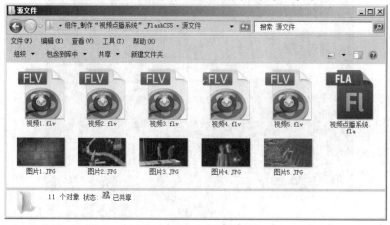

图9-51 保存文件复制素材

(2) 设置 TileList 组件参数，如图 9-52 所示。

① 选中舞台上的"TileList"组件。

② 在【属性】面板的【组件参数】卷展栏中单击【dataProvider】选项右边的 ◢ 按钮，打开【值】对话框。

③ 连续 5 次单击 ⊞ 按钮，添加 5 个值。

④ 依次修改"label0~label4"的【label】项为"视频 1.flv""视频 2.flv""视频 3.flv""视频 4.flv"和"视频 5.flv"，依次填写【source】项为"图片 1.jpg""图片 2.jpg""图片 3.jpg""图片 4.jpg"和"图片 5.jpg"。

⑤ 单击 确定 按钮完成【值】创建。

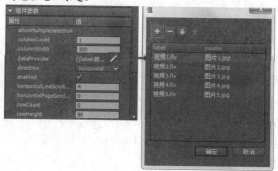

图9-52 设置 TileList 组件参数

(3) 按 Ctrl+Enter 组合键测试影片即可看到图 9-53 所示的效果，此时"TileList"组件已经显示出视频的预览图。

图9-53 视频片段预览图

3. 编写后台程序。

(1) 在"代码"图层的第 1 帧处添加如下代码。

```
//为"TileList"组件添加事件
mTileList.addEventListener(Event.CHANGE,onChange);
//定义事件函数
function onChange(mEvent:Event):void {
//"PLVplayback"组件加载电影片段
mFLVPlayback.load(mEvent.target.selectedItem.label);
//播放视频片段
mFLVPlayback.play();
}
```

(2) 按 Ctrl+Enter 组合键测试影片，单击右边的 TileList 组件项即可观看相应的视频片段，如图 9-54 所示。

4. 测试完善系统。

(1) 测试观看后发现，系统没有自动播放功能，看完一部分不能自动读取下一部分，这给用户带来极大的不便。所以在"代码"图层的第 1 帧上继续添加如下代码，设置自动

265

播放功能。

```
//开始就默认播放视频1
mFLVPlayback.load("视频1.flv");
mFLVPlayback.play();
//为播放器组件添加视频播放完毕事件
mFLVPlayback.addEventListener(Event.COMPLETE,onComplete);
//定义视频播放完毕事件的相应函数
function onComplete(mEvent:Event):void {
//获取当前播放视频的名称
var pdStr:String = mEvent.target.source;
//提取当前播放视频的编号
var pdNum:int = parseInt(pdStr.charAt(2));
//创建一个临时数,用来存储当前视频的编号
var oldNum:int = pdNum;
//判断当前编号是否超过视频总数,如果超过编号等于1,如果没有超过就加1
if (pdNum<5) {
    pdNum++;
} else {
    pdNum=1;
}
//加载下一视频
mEvent.target.load(pdStr.replace(oldNum.toString(),pdNum.toString()));
//播放视频视频
mEvent.target.play();
}
```

要点提示　附盘文件"素材\第9章\视频点播系统\视频点播系统代码.txt"提供本案例中涉及的所有代码。此时的系统美中不足之处就是当全屏播放的时候,播放控制器不能自动地隐藏,从而影响视觉效果。接下来处理这个问题。

(2) 完善"FLVPlayback"组件功能,如图9-55所示。

① 选中舞台上的"FLVPlayback"组件。

② 在【属性】面板的【组件参数】卷展栏中选择【SkinAutoHide】选项。

普通模式

全屏模式

图9-54　播放器效果

图9-55　完善"FLVPlayback"组件功能

(3) 按 Ctrl+S 组合键保存影片文件,案例制作完成。

9.4 学习辅导——使用代码创建组件

使用代码创建组件对于初学者来说显得比较复杂，但是对于熟悉 AS3.0 代码的用户来说，十分简单。同时在一些特定的情况下，例如，在创建一些具有相同属性的组件时使用代码创建组件更加快捷。接下来学习使用代码创建组件的一般办法。

1. 代码创建单个按钮。

(1) 新建一个 Flash 文档。

(2) 将【Button】组件拖曳至【库】面板，如图 9-56 所示。

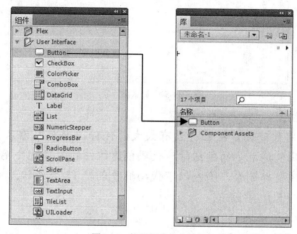

图9-56 代码创建单个按钮

(3) 输入代码。

① 选中默认"图层 1"的第 1 帧。

② 按 F9 键打开【动作-帧】面板。

③ 输入以下代码。

```
//导入Button组件的外部库
import fl.controls.Button;
//创建一个实例名称为mButton的Button组件对象；
var mButton:Button = new Button();
//将新建的mButton对象添加到舞台
addChild(mButton);
//修改mButton对象的label参数，即按钮上显示的文字
mButton.label = "代码创建的按钮";
//设置mButton对象的x位置
mButton.x=20;
//设置mButton对象的x位置
mButton.y=20;
```

 附盘文件"素材\第 9 章\使用代码创建组件\代码创建单个按钮.txt"提供此处代码。

(4) 按 Ctrl + Enter 组合键测试影片得到图 9-57 所示的效果。

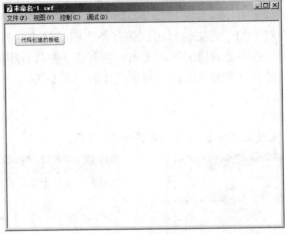

图9-57 测试影片

2. 代码创建批量按钮。

(1) 如果用户认为使用代码创建按钮并没有太大的优势，那是因为只用代码创建了单个的按钮。当使用代码创建批量的按钮时，代码创建组件的优势就会充分显现。

(2) 将之前输入的代码全部删除，输入以下代码批量创建 12 个按钮。

```
//导入 Button 组件的外部库
import fl.controls.Button;
//创建数组，用于存储按钮变量
var mButton:Array = new Array(12);
//定义一个变量，用于存储要创建按钮的数量
var i:int;
//使用 for 语句循环创建按钮元件
for (i = 0; i<12; i++)
{
//新建按钮，并将按钮存储在数组的单个元素中
mButton[i] = new Button();
//将按钮添加到舞台
addChild(mButton[i]);
//修改按钮的显示文字
mButton[i].label = "代码创建按钮"+(i+1);
//修改按钮在舞台上的 x 位置
mButton[i].x = 30 + i * 30;
//修改按钮在舞台上的 y 位置
mButton[i].y = 30 + i * 30;
}
```

 附盘文件"素材\第 9 章\使用代码创建组件\代码创建批量按钮.txt"提供此处代码。

(3) 按 ⎡Ctrl⎤+⎡Enter⎤ 组合键测试影片，得到图 9-58 所示的效果。

图9-58　测试影片

通过以上操作，相信用户对使用代码创建组件有了新的认识，一般来说，如果需要通过重复性操作创建组件时，可以考虑使用代码创建的方式，这样可以节省大量的时间。其他组件的创建方法和按钮组件的创建方法相同。

9.5　习题

1. 思考如何使用代码来控制组件。
2. 思考组件可以方便在哪些方面进行开发。
3. 请以本章的讲解作为突破口，将本章没有涉及的组件运用起来。
4. 请使用代码创建所有组件，并用代码对其属性进行控制。
5. 使用【用户接口代码】制作一个单页面的个人性格测试问答题，效果如图 9-59 所示。

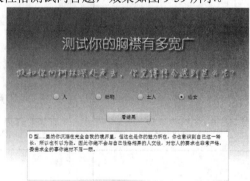

图9-59　个人性格测试

第10章 综合实战演练

【学习目标】
- 了解 Flash 在动画网络领域的应用。
- 了解 Flash 在动画教学领域的应用。
- 了解 Flash 在游戏开发领域的应用。

现在 Flash 的应用已经涉及广告、游戏、多媒体教学等领域，它给人们的工作、生活和学习带来了无尽的快乐和方便。本章将通过案例对 Flash 在广告片头、教学应用、游戏开发 3 个行业中的应用进行讲解，让读者能够进一步掌握 Flash 作品的制作流程和操作技巧。

10.1   Flash 动画网络应用——制作"溢彩 MP4"

本节将通过制作一个产品广告的综合实例，带领读者进一步理解和掌握 Flash CC 的应用方法，操作思路及效果如图 10-1 所示。

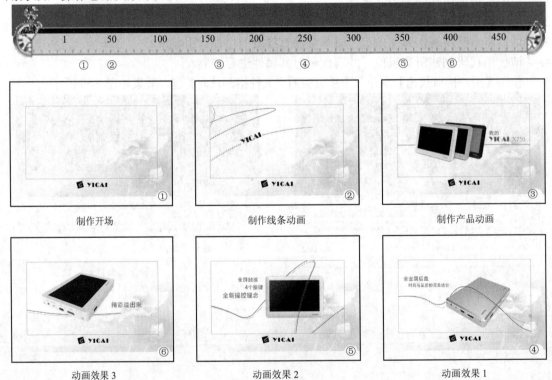

图10-1 操作思路及效果

【操作步骤】

1. 制作线条动画。
(1) 打开制作模板,如图 10-2 所示。

   按 Ctrl+O 组合键打开附盘文件"素材\第 10 章\溢彩 MP4\溢彩 MP4-模板.fla"。在舞台上已放置背景元件,已创建动画所需元件。

(2) 新建图层,如图 10-3 所示。
① 连续单击 按钮新建图层。
② 重命名各图层。

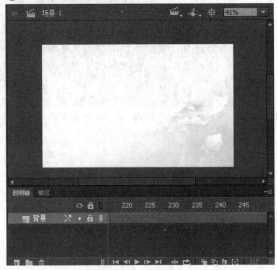

图10-2　打开制作模板

图10-3　新建图层

(3) 制作外框,如图 10-4 所示。
① 在"框"图层的第 10 帧处插入关键帧。
② 绘制矩形形状:【X】为"318.75",【Y】为"198.1",【宽】为"162.5",【高】为"86.75"。
③ 在第 10 帧处为矩形形状设置位置:【X】为"75",【Y】为"68",【宽】为"650",【高】为"347",设置笔触颜色为"#FFFFFF",【Alpha】值为"0%"。
④ 在第 20 帧处插入关键帧。
⑤ 为矩形形状设置变形及设置笔触颜色为"#999999",【Alpha】为"100%"。。
⑥ 在两个关键帧之间创建补间形状。
⑦ 为补间设置缓动。

(4) 制作"LOGO"元件的入场,如图 10-5 所示。
① 在"LOGO"图层的第 15 帧处插入关键帧。
② 将"LOGO"元件从【库】面板拖曳至舞台。
③ 设置"LOGO"元件的位置属性:【X】为"400",【Y】为"400",【宽】为"186.85",【高】为"–58.9"。
④ 在第 15 帧处为元件设置位置及【Alpha】透明度。
⑤ 在第 20 帧处插入关键帧。
⑥ 为元件设置【Alpha】透明度。

⑦　在两个关键帧之间创建传统补间。

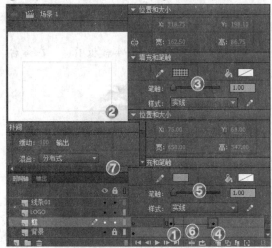
图10-4　制作外框

图10-5　制作"LOGO"元件的入场

(5)　制作"线条 01"动画，如图 10-6 所示。

①　在"线条 01"图层的第 20 帧处插入关键帧。

②　将"线条 01"元件拖曳至舞台。

③　在第 20 帧处为元件设置位置（【X】为"76"，【Y】为"105"）及循环方式。

④　在第 40 帧处为元件设置位置：【X】为"–400"，【Y】为"105"。

⑤　在第 50 帧处为元件设置位置（【X】为"–525"，【Y】为"105"，【宽】为"1199.85"，【高】为"280.75"）及【Alpha】透明度。

⑥　第 20 帧～第 40 帧及第 40 帧～第 50 帧之间创建传统补间。

⑦　在第 51 帧处插入空白关键帧。

图10-6　制作"线条 01"动画

要点提示　请不要随意改变元件的中心点位置，它与元件的位置参数紧密相关。

(6)　制作"线条 02"动画，如图 10-7 所示。

① 在"线条02"图层的第30帧处插入关键帧，将"线条02"元件拖曳至舞台。

② 在第30帧处为元件设置位置（【X】为"34"，【Y】为"69"）及循环方式。

③ 在第55帧处为元件设置位置：【X】为"–68"，【Y】为"69"。

④ 在第65帧处插入关键帧。

⑤ 在第85帧处为元件设置【Alpha】透明度。

⑥ 为第30帧～第55帧处及第65帧～第85帧之间创建传统补间。

⑦ 在第86帧处插入空白关键帧。

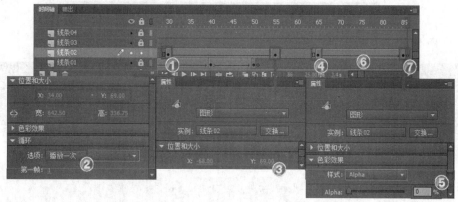

图10-7 制作"线条02"动画

(7) 制作"线条03"动画，如图 10-8 所示。

① 在"线条03"图层的第40帧处插入关键帧，将"线条03"元件拖曳至舞台。

② 在第 40 帧处为元件设置位置（【X】为"719"，【Y】为"63"，【宽】为"1916.8"，【高】为"454.6"）及循环方式。

③ 分别在第 60 帧（【X】为"515"，【Y】为"63"）、第 85 帧（【X】为"–710"，【Y】为"–212"）、第 180 帧（【X】为"–1438"，【Y】为"–212"）处为元件设置位置。

④ 为所设置的关键帧之间创建传统补间。

⑤ 为第 60 帧～第 85 帧及第 85 帧～第 180 帧的补间设置缓动，【缓动】值为"50"。

⑥ 在第 181 帧处插入空白关键帧。

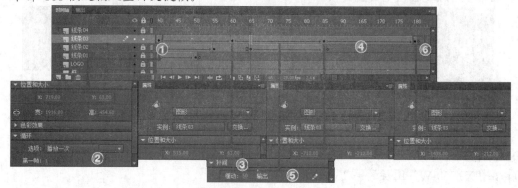

图10-8 制作"线条03"动画

(8) 制作"线条04"动画，如图 10-9 所示。

① 在"线条04"图层的第85帧处插入关键帧，将"线条04"元件拖曳至舞台。

② 在第85帧处为元件设置位置（【X】为"1324"，【Y】为"234.45"）及循环方式。

③ 分别在第 180 帧（【X】为 "596"，【Y】为 "234.45"）、第 195 帧（【X】为 "-206"，【Y】为 "140.05"）、第 260 帧（【X】为 "-628"，【Y】为 "140.05"）、第 270 帧（【X】为 "-1175"，【Y】为 "84"）处为元件设置位置。

④ 为所设置的关键帧之间创建传统补间。

⑤ 为第 85 帧～第 180 帧、第 180 帧～第 195 帧及第 260 帧～第 267 帧的补间设置缓动，【缓动】值为 "50"。

⑥ 在第 268 帧处插入空白关键帧。

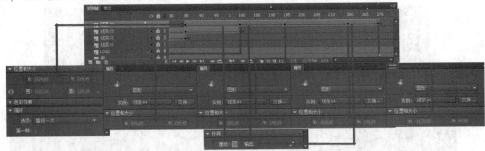

图10-9 制作 "线条 04" 动画

 本例中若需设置循环方式，则应在动画开始帧处设置，而后设置动画。

2. 制作产品动画。

(1) 制作 "XT750-T" 动画，如图 10-10 所示。

① 在 "XT750-T" 图层的第 95 帧处插入关键帧。

② 将 "XT750-T" 元件拖曳至舞台。

③ 分别在第 95 帧（【X】为 "906"，【Y】为 "247"）、第 180 帧（【X】为 "265"，【Y】为 "247"）、第 195 帧（【X】为 "-543"，【Y】为 "149"）处为元件设置位置。

④ 为所设置的关键帧之间创建传统补间。

⑤ 为第 95 帧～第 180 帧、第 180 帧～第 195 帧补间设置缓动，【缓动】值为 "50"。

⑥ 在第 196 帧处插入空白关键帧。

图10-10 制作 "XT750-T" 动画

(2) 制作 "XT750-W" 动画，如图 10-11 所示。

① 在 "XT750-W" 图层的第 130 帧处插入关键帧。

② 将 "XT750-W" 元件拖曳至舞台。

③ 分别在第 130 帧（【X】为 "843"，【Y】为 "229"）、第 180 帧（【X】为 "543"，【Y】为 "229"）、第 195 帧（【X】为 "-266"，【Y】为 "135"）处为元件设置位置。

④ 为所设置的关键帧之间创建传统补间。

⑤ 为所创建的补间设置缓动，【缓动】值为"50"。

⑥ 在第 196 帧处插入空白关键帧。

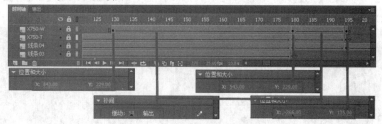

图10-11 制作"XT750-W"动画

3. 为其他线条及产品制作动画。

(1) 制作"后盖-T"动画，如图 10-12 所示。

参数：第 195 帧处【X】为"874"，【Y】为"272"；第 260 帧处【X】为"453"，【Y】为"272"；第 270 帧处【X】为"–95"，【Y】为"215"。

图10-12 制作"后盖-T"动画

(2) 制作"后盖-W"动画，如图 10-13 所示。

参数：第 210 帧处【X】为"465"，【Y】为"109"；第 220 帧处【X】为"465"，【Y】为"174"；第 270 帧处【X】为"–343"，【Y】为"117"。

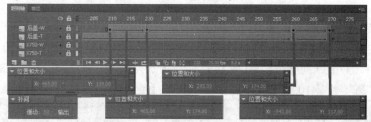

图10-13 制作"后盖-W"动画

(3) 制作"线条 05"动画，如图 10-14 所示。

参数：第 220 帧处【X】为"796"，【Y】为"316"；第 260 帧处【X】为"536"，【Y】为"316"；第 280 帧处【X】为"–558"，【Y】为"200"；第 350 帧处【X】为"–973"，【Y】为"200"；第 360 帧处【X】为"–1499"、【Y】为"200"。

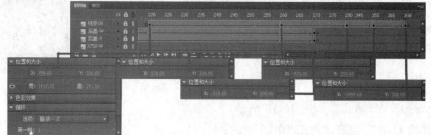

图10-14 制作"线条 05"动画

(4)　制作"触摸-T"动画，如图 10-15 所示。

　　参数：第 280 帧处【X】为"869"，【Y】为"242"；第 350 帧处【X】为"454"，【Y】为"242"；第 360 帧处【X】为"–74"，【Y】为"242"。

图10-15　制作"触摸-T"动画

(5)　制作"触摸-W"动画，如图 10-16 所示。

　　参数：第 280 帧处【X】为"612"，【Y】为"198"；第 295 帧处【X】为"524"，【Y】为"198"；第 350 帧处【X】为"200"，【Y】为"198"；第 360 帧处【X】为"–327"，【Y】为"198"。

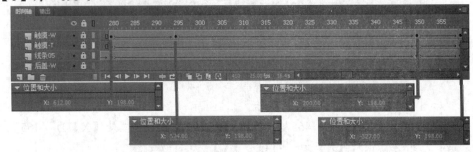

图10-16　制作"触摸-W"动画

(6)　制作"线条 06"动画，如图 10-17 所示。

　　参数：第 330 帧处【X】为"722"，【Y】为"26"；第 350 帧处【X】为"605"，【Y】为"26"；第 370 帧处【X】为"–449"，【Y】为"26"；第 395 帧处【X】为"–449"，【Y】为"26"；第 410 帧处【X】为"–449"，【Y】为"26"。

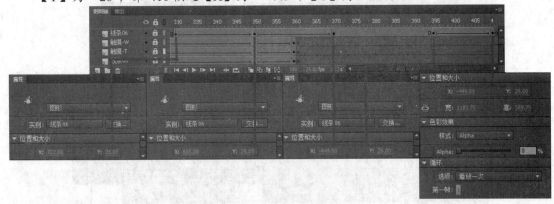

图10-17　制作"线条 06"动画

(7)　制作"精彩-T"动画，如图 10-18 所示。

(8)　制作"精彩-W"动画，如图 10-19 所示。

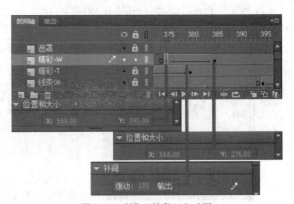

<table>
<tr><td>图10-18　制作"精彩-T"动画</td><td>图10-19　制作"精彩-W"动画</td></tr>
</table>

 制作动画时，必须使线条之间的连接顺畅，否则效果会很生硬。

4.　制作遮罩。

(1)　为动画制作遮罩用形状，如图 10-20 所示。

① 按 R 键启用【矩形】工具。

② 在【属性】面板的【填充和笔触】卷展栏中设置笔触为"无"，任意设置填充颜色。

③ 在"遮罩"图层的第 1 帧处绘制矩形。

④ 在【属性】面板的【位置和大小】卷展栏中设置矩形的位置和大小：【X】为"75.5"，
　　【Y】为"68.5"，【宽】为"649"，【高】为"345.95"。

(2)　为动画制作遮罩，如图 10-21 所示。

① 在"遮罩"图层上单击鼠标右键。

② 在弹出的快捷菜单中选择【遮罩层】命令。

③ 将"精彩-W"～"线条 01"的所有图层设置为被遮罩层。

<table>
<tr><td>图10-20　为动画制作遮罩用形状</td><td>图10-21　为动画制作遮罩</td></tr>
</table>

(3)　按 Ctrl + S 组合键保存影片文件，案例制作完成。

10.2　Flash 动画教学应用——制作"精美教学课件"

本案例将运用 Flash 各种动画的制作方法来制作一个简单的教学课件，操作思路及效果如图 10-22 所示。

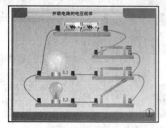
制作 L1 支路的动画

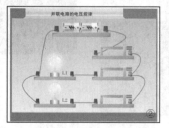
制作 L2 支路的动画

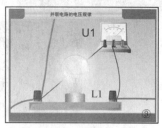
制作测灯泡 L1 电压的动画

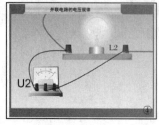
制作测灯泡 L2 电压的动画

制作测电源电压的动画

制作知识总结的动画

图10-22　操作思路及效果

【操作步骤】

1.　新建图层。

(1)　打开制作模板，如图 10-23 所示。

按 Ctrl+O 组合键打开附盘文件"素材\第 10 章\精美教学课件\精美教学课件-模板.fla"。本文档的【库】中已提供本案例所需的素材。

(2)　在主场景中新建图层，效果如图 10-24 所示。

① 连续单击 ￼ 按钮新建图层。

② 重命名各图层。

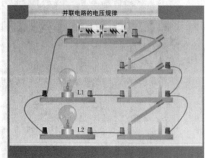

图10-23　打开制作模板

图10-24　在主场景中新建图层

(3)　插入帧，如图 10-25 所示。

① 选中所有图层的第 875 帧。

② 按 F5 键插入帧。

③ 锁定除"电路动画"以外的图层。

(4) 在"电路动画"元件中新建图层，如图 10-26 所示。

① 在舞台上双击"电路动画"图形元件，进入元件编辑界面。

② 单击 按钮新建图层。

③ 重命名各图层。

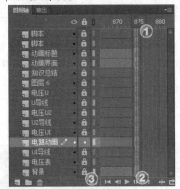

图10-25 插入帧

图10-26 在"电路动画"元件中新建图层

(5) 插入帧，如图 10-27 所示。

① 选中所有图层的第 220 帧。

② 按 F5 键插入帧。

③ 锁定除"总开关"以外的图层。

2. 制作"电路动画"元件内的动画。

(1) 制作总开关的动画，如图 10-28 所示。

① 选中"总开关"图层的第 20 帧。

② 按 F6 键插入关键帧。

③ 按 V 键选中舞台上的元件。

④ 在【属性】面板的【循环】卷展栏中设置【选项】为【播放一次】。

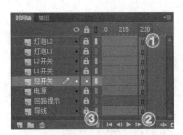

图10-27 插入帧

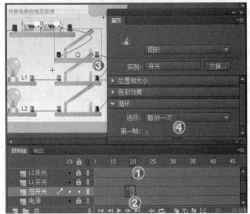

图10-28 制作总开关的动画

 开关的动画效果在元件中已经制作完成，这里只需要在时间轴上对元件内的动画内容进行控制就可以了。

(2) 制作 L1 支路中 L1 开关的动画，如图 10-29 所示。

① 锁定除"L1 开关"以外的图层。

② 选中"L1 开关"图层的第 60 帧。

③ 按 $\boxed{F6}$ 键插入关键帧。

④ 按 $\boxed{V}$ 键选中舞台上的元件。

⑤ 在【属性】面板的【循环】卷展栏中设置【选项】为【播放一次】。

(3) 制作 L1 支路中灯泡 L1 的动画，如图 10-30 所示。

① 锁定除"灯泡 L1"以外的图层。

② 选中"灯泡 L1"图层的第 79 帧。

③ 按 $\boxed{F6}$ 键插入关键帧。

④ 按 $\boxed{V}$ 键选中舞台上的元件。

⑤ 在【属性】面板的【循环】卷展栏中设置【选项】为【单帧】，【第一帧】的值为"2"。

图10-29　制作 L1 支路中 L1 开关的动画

图10-30　制作 L1 支路中灯泡 L1 的动画

(4) 粘贴提示性图形，如图 10-31 所示。

① 锁定除"回路提示"和"导线"以外的图层。

② 选中"回路提示"图层的第 95 帧。

③ 按 $\boxed{F6}$ 键插入关键帧。

④ 选中"导线"图层的任意一帧。

⑤ 按 $\boxed{Ctrl}+\boxed{C}$ 组合键复制"导线"图层上的图形。

⑥ 选中"回路提示"图层的第 95 帧。

⑦ 按 $\boxed{Ctrl}+\boxed{Shift}+\boxed{V}$ 组合键粘贴图形。

(5) 编辑图形，如图 10-32 所示。

① 锁定除"回路提示"以外的图层。

② 隐藏"导线"图层。

③ 选中"回路提示"图层的第 95 帧，按 $\boxed{V}$ 键选中舞台上的图形。

④ 在【属性】面板的【填充和笔触】卷展栏中设置【笔触颜色】为"#FFFF00"。

⑤ 按 $\boxed{E}$ 键擦除多余的线条。

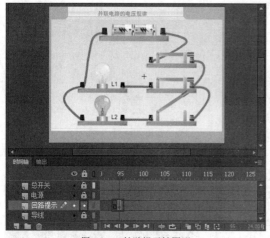

图10-31　粘贴提示性图形

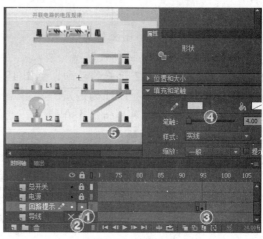

图10-32　编辑图形

(6)　转换为元件，如图 10-33 所示。

①　取消隐藏"导线"图层。

②　锁定"导线"图层。

③　选中"回路提示"图层的第 95 帧。

④　按 F8 键转换为图形元件。

⑤　将元件名称重命名为"提示 1"。

(7)　制作提示动画，如图 10-34 所示。

①　按 V 键双击舞台上的"提示 1"图形元件，进入元件编辑区域。

②　选中"图层 1"的第 10 帧，按 F6 键插入关键帧。

③　按 V 键选中舞台上的图形。

④　在【属性】面板的【填充和笔触】卷展栏中设置【笔触颜色】为"Alpha:0%"，【笔触】为"20"。

⑤　在第 1 帧～第 10 帧之间创建补间形状动画。

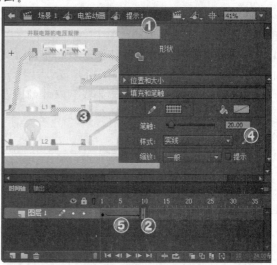

图10-34　制作提示动画

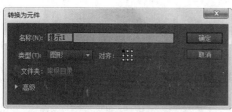

图10-33　转换为元件

(8)　插入空白关键帧，如图 10-35 所示。

① 返回 "电路动画" 元件。

② 选中 "回路提示" 图层的第 125 帧。

③ 按 F7 键插入一个空白关键帧。

(9) 制作 L2 支路中 L2 开关的动画，如图 10-36 所示。

① 锁定除 "L2 开关" 以外的图层。

② 选中 "L2 开关" 图层的第 150 帧。

③ 按 F6 键插入关键帧。

④ 按 V 键选中舞台上的元件。

⑤ 在【属性】面板的【循环】卷展栏中设置【选项】为【播放一次】。

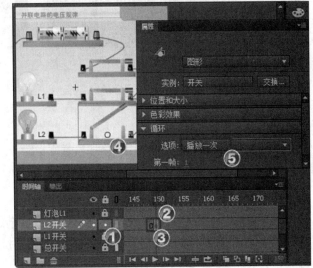

图10-35　插入空白关键帧　　　　　　　　图10-36　制作 L2 支路中 L2 开关的动画

(10) 制作 L2 支路中灯泡 L2 的动画，如图 10-37 所示。

① 锁定除 "灯泡 L2" 以外的图层。

② 选中 "灯泡 L2" 图层的第 169 帧，按 F6 键插入关键帧。

③ 按 V 键选中舞台上的元件。

④ 在【属性】面板的【循环】卷展栏中设置【选项】为【单帧】，【第一帧】值为 "2"。

(11) 粘贴提示性图形，如图 10-38 所示。

① 锁定除 "回路提示" 和 "导线" 以外的图层。

② 选中 "回路提示" 图层的第 190 帧。

③ 按 F6 键插入关键帧。

④ 选中 "导线" 图层的任意一帧。

⑤ 按 Ctrl+C 组合键复制 "导线" 图层上的图形。

⑥ 选中 "回路提示" 图层的第 190 帧。

⑦ 按 Ctrl+Shift+V 组合键粘贴图形。

图10-37 制作 L2 支路中灯泡 L2 的动画

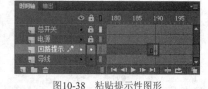

图10-38 粘贴提示性图形

(12) 编辑图形，如图 10-39 所示。

① 锁定除"回路提示"以外的图层。

② 隐藏"导线"图层。

③ 选中"回路提示"图层的第 190 帧。

④ 按 Ⅴ 键选中舞台上的图形，在【属性】面板的【填充和笔触】卷展栏中设置【笔触颜色】为"#FFFF00"，【笔触】值为"4"。

⑤ 按 Ｅ 键擦除多余的线条。

(13) 转换为元件，如图 10-40 所示。

① 选中"回路提示"图层的第 190 帧。

② 按 Ｆ8 键转换为图形元件，并将其重命名为"提示 2"。

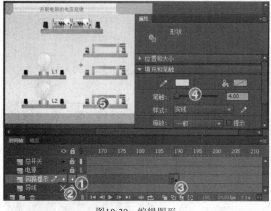

图10-39 编辑图形

图10-40 转换为元件

(14) 制作提示动画，如图 10-41 所示。

① 按 Ⅴ 键双击舞台上的"提示 2"图形元件，进入元件编辑区域。

② 选中"图层 1"的第 10 帧，按 Ｆ6 键插入关键帧。

③ 按 Ⅴ 键选中舞台上的图形，在【属性】面板的【填充和笔触】卷展栏中设置【笔触颜色】为"Alpha:0%"，【笔触】值为"20"。

④ 在第 1 帧～第 10 帧之间创建补间形状动画。

(15) 插入空白关键帧，如图 10-42 所示。

① 返回"电路动画"元件。

② 选中"回路提示"图层的第 220 帧。

③ 按 $\boxed{F7}$ 键插入一个空白关键帧。

图10-41　制作提示动画

图10-42　插入空白关键帧

3. 制作电路动画的入场动画。

(1) 插入关键帧，如图 10-43 所示。

① 返回主场景，选中舞台上的"电路动画"元件。

② 在【属性】面板的【循环】卷展栏中设置【选项】为【单帧】，【第一帧】值为"1"。

③ 选中第 15 帧，按 $\boxed{F6}$ 键插入关键帧。

(2) 创建传统补间动画，如图 10-44 所示。

① 选中第 2 帧。

② 选中舞台上的"电路动画"元件。

③ 在【属性】面板的【色彩效果】卷展栏中设置【样式】为【Alpha】，【Alpha】值为"0%"。

④ 在第 2 帧～第 15 帧之间创建传统补间动画。

图10-43　插入关键帧

图10-44　创建传统补间动画

(3) 设置"电路动画"元件第 40 帧处的状态，如图 10-45 所示。

① 选中"电路动画"图层的第 40 帧，按 F6 键插入关键帧。

② 选中舞台上的"电路动画"元件。

③ 在【属性】面板的【循环】卷展栏中设置【选项】为【播放一次】。

4. 制作用电压表测灯泡 L1 电压的动画效果。

(1) 制作"电路动画"元件第 260 帧处的状态，如图 10-46 所示。

① 在"电路动画"图层的第 260 帧处按 F6 键插入关键帧。

② 选中舞台上的"电路动画"元件。

③ 在【属性】面板的【循环】卷展栏中设置【选项】为【单帧】，【第一帧】值为"220"。

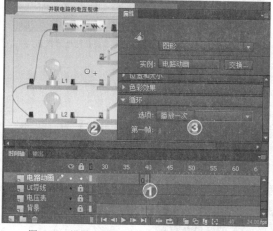

图10-45　设置"电路动画"元件第 40 帧处的状态

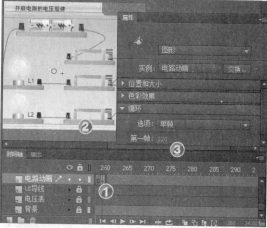

图10-46　制作"电路动画"元件第 260 帧处的状态

(2) 在第 260 帧～第 275 帧之间创建传统补间动画，如图 10-47 所示。

① 在"电路动画"图层的第 275 帧处按 F6 键插入关键帧。

② 选中舞台上的"电路动画"元件。

③ 在【属性】面板的【位置和大小】卷展栏中设置【X】为"781.5"，【Y】为"379.65"，【宽】为"1457.4"，【高】为"1001.45"。

④ 在第 260 帧～第 275 帧之间创建传统补间动画。

(3) 制作"电压表"元件第 290 帧处的状态，如图 10-48 所示。

① 锁定除"电压表"以外的图层。

② 在"电压表"图层的第 290 帧处按 F6 键插入关键帧。

③ 将【库】面板中"电压表"图形元件拖曳到舞台。

④ 在舞台上选中"电压表"元件。

⑤ 在【属性】面板的【位置和大小】卷展栏中设置【X】为"583.55"，【Y】为"72.8"，【宽】为"188.3"，【高】为"161.3"。

⑥ 在【色彩效果】卷展栏中设置【样式】为【Alpha】，【Alpha】值为"0%"。

⑦ 在【循环】卷展栏中设置【选项】为【单帧】，【第 1 帧】值为"1"。

图10-47　在第 260 帧～第 275 帧之间创建传统补间动画

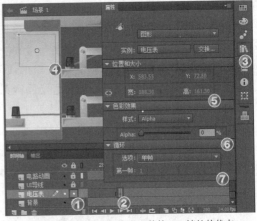

图10-48　制作"电压表"元件第 290 帧处的状态

(4)　在第 290 帧～第 300 帧之间创建传统补间动画，如图 10-49 所示。

①　在"电压表"图层的第 300 帧处按 F6 键插入关键帧。

②　在舞台上选中"电压表"元件。

③　在【属性】面板的【位置和大小】卷展栏中设置【X】为"473.6"，【Y】为"72.8"，【宽】为"188.3"，【高】为"161.3"。

④　在【色彩效果】卷展栏中设置【样式】为【无】。

⑤　在第 290 帧～第 300 帧之间创建传统补间动画。

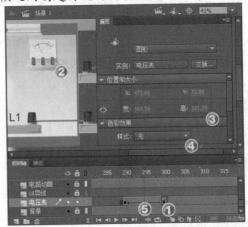

图10-49　在第 290 帧～第 300 帧之间创建传统补间动画

(5)　制作"UI 导线"元件，如图 10-50 所示。

①　锁定除"UI 导线"以外的图层。

②　在"UI 导线"图层的第 310 帧处按 F6 键插入关键帧。

③　在舞台上绘制导线。

④　选中绘制的导线，按 F8 键转换为图形元件，并将其重命名为"UI 导线"。

(6)　在第 310 帧～第 325 帧之间创建传统补间动画，如图 10-51 所示。

①　在"UI 导线"图层的第 325 帧处按 F6 键插入关键帧。

②　选中"UI 导线"图层的第 310 帧处的元件。

③　在【属性】面板的【色彩效果】卷展栏中设置【样式】为【Alpha】，【Alpha】值为"0%"。

④　在第 310 帧～第 325 帧之间创建传统补间动画。

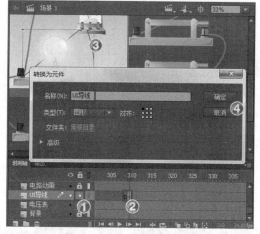

图10-50　制作"UI 导线"元件

图10-51　在第 310 帧～第 325 帧之间创建传统补间动画

(7)　制作电压表指针摆动的动画效果，如图 10-52 所示。

①　将"电压表"图层解锁。

②　在"电压表"图层的第 325 帧处按 F6 键插入关键帧。

③　在【属性】面板的【循环】卷展栏中设置【选项】为【播放一次】。

(8)　制作 UI 的文字提示，如图 10-53 所示。

①　将"电压 UI"图层解锁。

②　在"电压 UI"图层的第 370 帧处按 F6 键插入关键帧。

③　按 T 键在舞台上输入文字"UI"。

④　选中文字，按 F8 键转换为图形元件，并将其重命名为"UI"。

图10-52　制作电压表指针摆动的动画效果

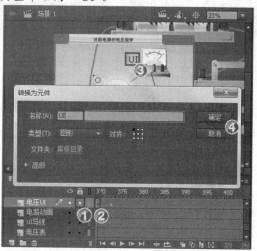

图10-53　制作 UI 的文字提示

(9)　制作电压表测灯泡 L1 电压的动画消失效果，如图 10-54 所示。

①　分别在"电压 UI""UI 导线"和"电压表"3 个图层的第 410 帧处按 F6 键插入关键帧。

②　分别在 3 个图层的第 420 帧处按 F6 键插入关键帧。

③　分别在 3 个图层的第 421 帧处按 F7 键插入空白关键帧。

④ 选中第 420 帧处舞台上所有的元件。

⑤ 在【属性】面板的【色彩效果】卷展栏中设置【样式】为【Alpha】,【Alpha】值为 "0%"。

⑥ 分别在 3 个图层的第 410 帧~第 420 帧处创建传统补间动画。

5. 制作用电压表测灯泡 L2 的动画效果。

(1) 制作 "电路动画" 元件的动画效果，如图 10-55 所示。

① 锁定除 "电路动画" 以外的图层。

② 在 "电路动画" 图层的第 435 帧处按 F6 键插入关键帧。

③ 在第 455 帧处按 F6 键插入关键帧。

④ 选中舞台上的 "电路动画" 元件。

⑤ 在【属性】面板的【位置和大小】卷展栏中设置【X】为 "808",【Y】为 "–73.7",【宽】为 "1126.2",【高】为 "773.8"。

⑥ 在第 435 帧~第 455 帧之间创建传统补间动画。

图10-54　制作电压表测灯泡 L1 电压的动画消失效果

图10-55　制作 "电路动画" 元件的动画效果

(2) 制作 "电压表" 元件第 470 帧处的状态，如图 10-56 所示。

① 锁定除 "电压表" 以外的图层。

② 在 "电压表" 图层的第 470 帧处按 F6 键插入关键帧。

③ 将【库】面板中名为 "电压表" 的图形元件拖曳到舞台。

④ 在舞台上选中 "电压表" 元件。

⑤ 在【属性】面板的【位置和大小】卷展栏中设置【X】为 "104",【Y】为 "330.4",【宽】为 "188.3",【高】为 "161.3"。

⑥ 在【色彩效果】卷展栏中设置【样式】为【Alpha】,【Alpha】值为 "0%"。

⑦ 在【循环】卷展栏中设置【选项】为【单帧】,【第 1 帧】值为 "1"。

(3) 在第 470 帧~第 485 帧之间创建传统补间动画，如图 10-57 所示。

① 在 "电压表" 图层的第 485 帧处按 F6 键插入关键帧。

② 在舞台上选中 "电压表" 元件。

③ 在【属性】面板的【色彩效果】卷展栏中设置【样式】为【无】。

④ 在第 470 帧~第 485 帧之间创建传统补间动画。

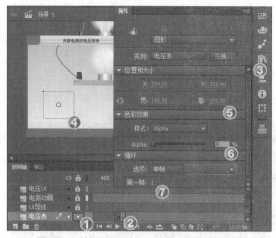

图10-56 制作"电压表"元件第470帧处的状态

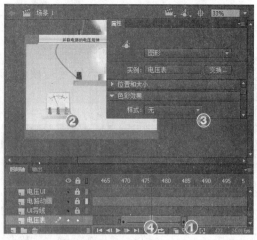

图10-57 在第470帧～第485帧之间创建传统补间动画

(4) 制作"U2_导线"元件，如图 10-58 所示。

① 锁定除"U2 导线"以外的图层。

② 在"U2 导线"图层的第 495 帧处按 F6 键插入关键帧。

③ 在舞台上绘制导线。

④ 选中绘制的导线，按 F8 键转换为图形元件，并将其重命名为"U2 导线"。

(5) 在第 495 帧～第 510 帧之间创建传统补间动画，如图 10-59 所示。

① 在"U2 导线"图层的第 510 帧处按 F6 键插入关键帧。

② 选中"U2 导线"图层的第 495 帧处的元件。

③ 在【属性】面板的【色彩效果】卷展栏中设置【样式】为【Alpha】，【Alpha】值为"0%"。

④ 在第 495 帧～第 510 帧之间创建传统补间动画。

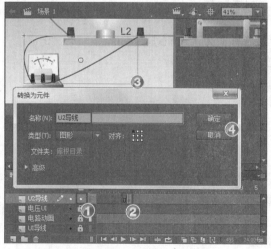

图10-58 制作"U2_导线"元件

图10-59 在第 495 帧～第 510 帧之间创建传统补间动画

(6) 制作电压表指针摆动的动画效果，如图 10-60 所示。

① 将"电压表"图层解锁。

② 在"电压表"图层的第 510 帧处按 F6 键插入关键帧。

③ 选中元件，在【属性】面板的【循环】卷展栏中设置【选项】为【播放一次】，【第一

帧】值为"1"。

(7) 制作 U2 的文字提示，如图 10-61 所示。

① 将"电压 U2"图层解锁。

② 在"电压 U2"图层的第 540 帧处按 F6 键插入关键帧。

③ 按 T 键在舞台上输入文字"U2"。

④ 选中文字，按 F8 键转换为图形元件，并将其重命名为"U2"。

图10-60　制作电压表指针摆动的动画效果

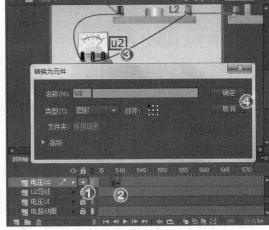

图10-61　制作 U2 的文字提示

(8) 制作电压表测灯泡 L2 电压的动画消失效果，如图 10-62 所示。

① 分别在"电压 U2""U2 导线"和"电压表"3 个图层的第 570 帧处按 F6 键插入关键帧。

② 分别在 3 个图层的第 585 帧处按 F6 键插入关键帧。

③ 分别在 3 个图层的第 586 帧处按 F7 键插入空白关键帧。

④ 选中第 585 帧处舞台上所有的元件。

⑤ 在【属性】面板的【色彩效果】卷展栏中设置【样式】为【Alpha】，【Alpha】值为"0%"。

⑥ 分别在 3 个图层的第 570 帧～第 585 帧处创建传统补间动画。

6. 制作用电压表测电源电压的动画效果。

(1) 制作"电路动画"元件的动画效果，如图 10-63 所示。

① 锁定除"电路动画"以外的图层。

② 在"电路动画"图层的第 605 帧处按 F6 键插入关键帧。

③ 在第 620 帧处按 F6 键插入关键帧。

④ 选中舞台上的"电路动画"元件。

⑤ 在【属性】面板的【位置和大小】卷展栏中设置【X】为"513.5"，【Y】为"804.65"，【宽】为"1126.15"，【高】为"773.8"。

⑥ 在第 605 帧～第 620 帧之间创建传统补间动画。

(2) 制作"电压表"元件的第 640 帧处的状态，如图 10-64 所示。

① 锁定除"电压表"以外的图层。

② 在"电压表"图层的第 640 帧处按 F6 键插入关键帧。

③ 将【库】面板中名为"电压表"的图形元件拖曳到舞台。

④ 在舞台上选中"电压表"元件。

⑤ 在【属性】面板的【位置和大小】卷展栏中设置【X】为"305.95",【Y】为"109.4",【宽】为"188.3",【高】为"161.3"。

⑥ 在【色彩效果】卷展栏中设置【样式】为【Alpha】,【Alpha】值为"0%"。

⑦ 在【循环】卷展栏中设置【选项】为【单帧】,【第1帧】为"1"。

图10-62 制作电压表测灯泡 L2 电压的动画消失效果

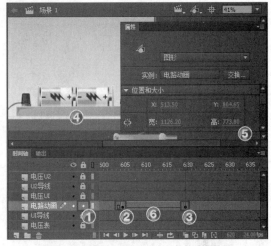

图10-63 制作"电路动画"元件的动画效果

(3) 在第 640 帧~第 655 帧之间创建传统补间动画,如图 10-65 所示。

① 在"电压表"图层的第 655 帧处按 [F6] 键插入关键帧。

② 在舞台上选中"电压表"元件。

③ 在【属性】面板的【色彩效果】卷展栏中设置【样式】为【无】。

④ 在第 640 帧~第 655 帧之间创建传统补间动画。

图10-64 制作"电压表"元件第 640 帧处的状态

图10-65 在第 640 帧~第 655 帧之间创建传统补间动画

(4) 制作"U 导线"元件,如图 10-66 所示。

① 锁定除"U 导线"以外的图层。

② 在"U 导线"图层的第 670 帧处按 [F6] 键插入关键帧。

③ 在舞台上绘制导线。

④ 选中绘制的导线,按 [F8] 键转换为图形元件,并将其重命名为"U 导线"。

(5) 在第 670 帧～第 685 帧之间创建传统补间动画，如图 10-67 所示。

① 在"U导线"图层的第 685 帧处按 F6 键插入关键帧。

② 选中"U导线"图层的第 670 帧处的元件。

③ 在【属性】面板的【色彩效果】卷展栏中设置【样式】为【Alpha】，【Alpha】值为"0%"。

④ 在第 670 帧～第 685 帧之间创建传统补间动画。

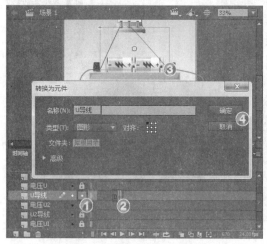

图10-66　制作"U导线"元件

图10-67　在第 670 帧～第 685 帧之间创建传统补间动画

(6) 制作电压表指针摆动的动画效果，如图 10-68 所示。

① 将"电压表"图层解锁。

② 在"电压表"图层的第 685 帧处按 F6 键插入关键帧。

③ 在【属性】面板的【循环】卷展栏中设置【选项】为【播放一次】。

(7) 制作 U 的文字提示，如图 10-69 所示。

① 将"电压 U"图层解锁。

② 在"电压 U"图层的第 725 帧处按 F6 键插入关键帧。

③ 按 T 键在舞台上输入文字"U"。

④ 选中文字，按 F8 键转换为图形元件，并将其重命名为"U"。

图10-68　制作电压表指针摆动的动画效果

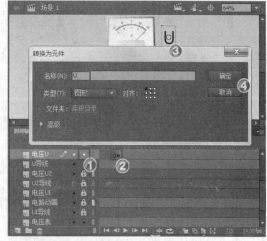

图10-69　制作 U 的文字提示

(8) 制作电压表测电源电压的动画消失效果,如图 10-70 所示。

① 分别在"电压 U""U 导线"和"电压表"3 个图层的第 780 帧处按 F6 键插入关键帧。

② 分别在 3 个图层的第 795 帧处按 F6 键插入关键帧。

③ 分别在 3 个图层的第 796 帧处按 F7 键插入空白关键帧。

④ 选中第 795 帧处舞台上的元件。

⑤ 在【属性】面板的【色彩效果】卷展栏中设置【样式】为【Alpha】,【Alpha】值为"0%"。

⑥ 分别在 3 个图层的第 780 帧~第 795 帧处创建传统补间动画。

7. 制作知识总结的动画效果。

(1) 制作"电路动画"元件的动画效果,如图 10-71 所示。

① 锁定除"电路动画"以外的图层。

② 在"电路动画"图层的第 795 帧处按 F6 键插入关键帧。

③ 在第 810 帧处按 F6 键插入关键帧。

④ 选中舞台上的"电路动画"元件。

⑤ 在【属性】面板的【位置和大小】卷展栏中设置【X】为"428.4",【Y】为"268.55",【宽】为"529.95",【高】为"364.15"。

⑥ 在第 795 帧~第 810 帧之间创建传统补间动画。

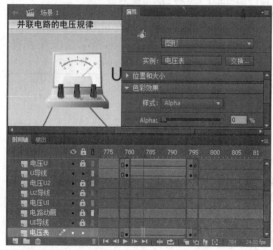

图10-70　制作电压表测电源电压的动画消失效果

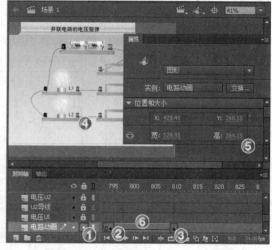

图10-71　制作"电路动画"元件的动画效果

(2) 制作动画的知识总结提示,如图 10-72 所示。

① 锁定除"知识总结"以外的图层。

② 在"知识总结"图层的第 825 帧处按 F6 键插入关键帧。

③ 在舞台上输入总结性文字。

④ 选中舞台上的文字,按 F8 键转换为图形元件,并将其重命名为"知识总结"。

(3) 在第 825 帧~第 840 帧之间创建传统补间动画,如图 10-73 所示。

① 在"知识总结"图层的第 840 帧处按 F6 键插入关键帧。

② 选中"知识总结"图层的第 825 帧处的元件。

③ 在【属性】面板的【色彩效果】卷展栏中设置【样式】为【Alpha】,【Alpha】值为"0%"。

④ 在第 825 帧~第 840 帧之间创建传统补间动画。

图10-72　制作动画的知识总结提示

图10-73　在第 825 帧～第 840 帧之间创建传统补间动画

(4) 在"脚本"图层的最后一帧插入关键帧，按 F9 键输入"stop();"控制代码。

(5) 按 Ctrl + S 组合键保存影片文件，案例制作完成。

10.3　Flash 趣味游戏开发——制作"填充游戏"

本案例将制作一个有趣的填充游戏，讲解如何使用代码控制元件随鼠标移动及改变元件颜色的方法，操作思路及效果如图 10-74 所示。

打开制作模板

设置"绘画笔"实例名称

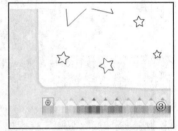

设置"调色笔"实例名称

游戏运行效果

输入控制代码

设置"填充图形"实例名称

图10-74　操作思路及效果图

【操作步骤】

1. 设置"绘画笔"实例名称。

(1) 打开制作模板，如图 10-75 所示。

按 Ctrl + O 组合键打开附盘文件"素材\第 10 章\填色游戏\填色游戏-模板.fla"。场景中已经放置好游戏所需的所有元素。

图10-75　打开制作模板

(2) 设置元件实例名称，如图 10-76 所示。

① 选中舞台上的"绘画笔"元件。

② 在【属性】面板中设置元件实例名称为"paint_pencil"。

图10-76　设置元件实例名称

要点提示　舞台中的"绘画笔"元件有 24 帧，其中每一帧中绘画笔的颜色都不相同，分别对应 24 支调色笔的颜色，从而方便地让"绘画笔"显示填充图形使用的颜色，如图 10-77 所示。

图10-77　"绘画笔"元件时间轴

2. 设置"调色笔"实例名称。

(1) 设置第 1 支"调色笔"的实例名称，如图 10-78 所示。

① 选中舞台左下角的第 1 支调色笔。

② 在【属性】面板中设置元件实例名称为"pencil1"。

(2) 设置其余"调色笔"实例名称，如图 10-79 所示。

① 依次选中其余调色笔。

② 依次设置其实例名称为"pencil2"～"pencil24"。

图10-78　设置第 1 支调色笔的实例名称　　　　图10-79　设置其余"调色笔"实例名称

3. 设置"填充图形"实例名称。

(1) 设置图层"填充 1"上元件的实例名称，如图 10-80 所示。

① 锁定除"填充 1"图层以外的所有图层。

② 选中图层"填充 1"上的元件。

③ 在【属性】面板中设置其实例名称为"mc1"。

(2) 设置图层"填充 2"上元件的实例名称，如图 10-81 所示。

① 锁定除"填充 2"图层以外的所有图层。

② 选中图层"填充 2"上的元件。

③ 在【属性】面板中设置其实例名称为"mc2"。

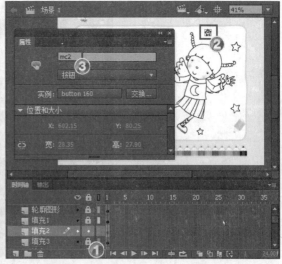

图10-80　设置图层"填充 1"上元件实例名称　　　　图10-81　设置图层"填充 2"上元件的实例名称

(3) 配合图层锁定工具，依次设置其余填充图形的实例名称为"mc3"～"mc27"，如图 10-82 所示。

图10-82　设置其余填充图形的实例名称

4.　输入控制代码。

(1) 选择图层"代码"的第 1 帧，按 F9 打开【动作-帧】面板，在此输入控制代码。

```
stop();
//隐藏鼠标
Mouse.hide();
//定义并初始化颜色序号
var colorNum:uint=1;
//定义颜色变量
var yanse:ColorTransform = new ColorTransform();
//设置颜色值
yanse.color=0xFF9999;

//为场景添加事件，使"绘画笔"跟随鼠标移动
root.addEventListener(Event.ENTER_FRAME,genshui);
function genshui(e:Event) {
paint_pencil.x=root.mouseX+5;
paint_pencil.y=root.mouseY;
}

//为24支"调色笔"添加点击事件
for (var i:uint =1; i<25; i++) {
root["pencil"+i].addEventListener(MouseEvent.MOUSE_DOWN,changeColor);
}
//根据所点击的"调色笔"更改颜色序号和"绘画笔"颜色
function changeColor(e:Event) {
```

```
for (var i:uint =1; i<25; i++) {
    if (root["pencil"+i]==e.currentTarget) {
        colorNum=i;
        paint_pencil.gotoAndStop(i);
    }
}
}
```

```
//为 27 个"填充"图形添加点击事件
for (var j:uint =1; j<28; j++) {
root["mc"+j].addEventListener(MouseEvent.MOUSE_DOWN,setColor);
}
//设置所点击的"填充"图形的颜色
function setColor(e:Event) {
if (colorNum==1) {
    yanse.color=0xFF9999;
} else if (colorNum == 2) {
    yanse.color=0xFFE9D2;
} else if (colorNum == 3) {
    yanse.color=0xFFCC00;
} else if (colorNum == 4) {
    yanse.color=0xFF8600;
} else if (colorNum == 5) {
    yanse.color=0xFF0000;
} else if (colorNum == 6) {
    yanse.color=0xFF75AC;
} else if (colorNum == 7) {
    yanse.color=0x848400;
} else if (colorNum == 8) {
    yanse.color=0xCCCC00;
} else if (colorNum == 9) {
    yanse.color=0x66CC00;
} else if (colorNum == 10) {
    yanse.color=0x66CC99;
} else if (colorNum == 11) {
    yanse.color=0x33CCCC;
} else if (colorNum == 12) {
    yanse.color=0x009999;
} else if (colorNum == 13) {
    yanse.color=0x95EDFD;
```

```
    } else if (colorNum == 14) {
        yanse.color=0x26D3FF;
    } else if (colorNum == 15) {
        yanse.color=0x0099FF;
    } else if (colorNum == 16) {
        yanse.color=0x0066CC;
    } else if (colorNum == 17) {
        yanse.color=0x9999FF;
    } else if (colorNum == 18) {
        yanse.color=0x993399;
    } else if (colorNum == 19) {
        yanse.color=0xCC66CC;
    } else if (colorNum == 20) {
        yanse.color=0xCC0033;
    } else if (colorNum == 21) {
        yanse.color=0xCC6600;
    } else if (colorNum == 22) {
        yanse.color=0xCC9900;
    } else if (colorNum == 23) {
        yanse.color=0x996633;
    } else if (colorNum == 24) {
        yanse.color=0x000000;
    }
    (DisplayObject)(e.currentTarget).transform.colorTransform=yanse;
    }
```

（在附盘文件"素材\第 10 章\填色游戏\控制代码.txt"中提供本案例所需的全部代码。）

(2) 按 Ctrl+S 组合键保存影片文件，案例制作完成。

10.4 习题

1. 学习本章实例，简要总结 Flash 动画的制作流程。
2. 简要说明交互式动画的制作要领。
3. 动手模拟本章的 3 个实例，尝试解决制作过程中的问题。